中高层大气环境分析与预报

李毅　黄泓　王舒畅　潘晓滨　编著

国防工业出版社

·北京·

内容简介

本书在概述中高层大气环境影响效应及研究发展现状基础上，系统地介绍了中高层大气模型、中高层大气波动特性和一些重要大气现象，以及基于大气环流模式和统计学方法开展对中高层大气环境要素模拟预报的原理与应用，为从事中高层大气环境分析与预报保障工作奠定知识基础。

本书基本概念和原理清晰，内容深入浅出，综合性和实用性较强，注重理论与实际的相互联系，突出基本方法在实际气象预报业务中的应用，适用于高等院校气象学专业本科班的教学，对相关专业研究生开展学术研究也有参考价值，也可作为从事中高层大气环境相关领域科研工作者的参考用书。

图书在版编目（CIP）数据

中高层大气环境分析与预报 / 李毅等编著. -- 北京：国防工业出版社，2025.8. -- ISBN 978-7-118-13747-7

Ⅰ. P457

中国国家版本馆 CIP 数据核字第 202558NM26 号

※

国防工业出版社出版发行

（北京市海淀区紫竹院南路 23 号　邮政编码 100048）

天津嘉恒印务有限公司印刷

新华书店经售

*

开本 710×1000　1/16　**插页** 4　**印张** 11¾　**字数** 208 千字

2025 年 8 月第 1 版第 1 次印刷　**印数** 1—1500 册　**定价** 100.00 元

国防书店：（010）88540777　　书店传真：（010）88540776

发行业务：（010）88540717　　发行传真：（010）88540762

前言

中高层大气是中高层大气（10～100km）和高层大气（大于100km）的总称，一般是指10km以上的地球大气，中高层大气层中的物理、化学和辐射等过程与日地关系、全球变化和环境变化（包括空间环境和地面生态环境）有着重要的关系，与人类的生存和发展以及航天和军事密切相关。作为日-地系统的一个重要环节，中高层大气吸引了大气科学家和空间物理学家共同关注这一领域。相对于对流层大气，中高层大气是目前人类了解较少的大气层区域，人类对中高层大气环境要素变化机理与演变规律还没有足够认识。伴随着新一代航空器、浮空器和亚轨道航天器等的发展，临近空间（20～100km高度范围的大气层）正在成为开展高技术应用和国防安全活动的新领域，其潜在的军事应用价值受到了世界各军事强国的高度重视，关于该领域大气环境的性质日益成为关注的热点。开展对中高层大气研究不仅对于人类深入理解全球变化和日地关系十分重要，也可为进一步开展有关航天与临近空间飞行的环境保障提供基础。

本书基于教学科研和预报业务的实际需要，主要介绍中高层大气环境特性及其主要物理和化学过程，以及中高层大气环境分析预报的基本方法与应用，并尽可能吸收当前中高层大气环境研究的最新成果。全书共分5章。第1章主要概述了中高层大气环境特性、研究现状及发展趋势；第2章中主要介绍大气模型分类与主要大气模型；第3章主要介绍中高层大气波动特征、成因及形成机制；第4章主要介绍中高层大气一些重要现象的成因及机制；第 5 章主要介绍中高层大气相关资料与同化方法，以及预报技术原理及应用。本书第 1、第 2 章由李毅编写，第 3 章由黄泓编写，第 4 章由王舒畅编写，第 5 章由潘晓滨编写。

本书成书过程参阅和引用了许多学者的著作和文献，同时对给予我们支持和帮助的专家表示最深切的谢意。在汇集众多研究成果基础上，力求在内容体系上突出重点，加深读者对中高层大气过程和环境特性的认识，并且尽可能将中高层大气主要研究成果和实际应用有机、科学地结合起来，希望能够对气象科技工作者，特别是从事中高层大气环境保障工作的预报员有所裨益。

由于笔者学识有限，难以把中高层大气环境分析与预报所用的新方法、新技术都予以介绍，书中疏漏和不足之处在所难免，敬请广大读者批评指正并提出宝贵意见。

编著者

2024 年 2 月于长沙

目 录

第 1 章 绪论

地球大气是指包围在地球周围的一层厚达数百千米的气体，它是地球自然环境的重要组成部分，与人类的生存息息相关。大气为地球生命的繁衍提供了理想的环境，它的状态和变化直接影响到人类的生产、生活乃至安全。通常将地球大气描述为一系列由它们的热特征所定义的层，温度相对于高度的改变具有不变的符号，称之为“层”，连接这些层的边界称为“顶”。最低层为对流层，一般表现为温度随高度的增加而降低，一直到对流层顶达到最小值。对流层顶的位置随纬度和季节而变化；在赤道地区其平均高度接近 18km，而在极区它的高度只有 8km；对流层里集中了大气 3/4 的质量和几乎全部水汽，经常发生强烈的垂直运动，因此，主要的天气现象如雷雨、闪电、台风等都发生在这一层。由对流层顶往上到 55km 高度左右为平流层，平流层温度随高度上升而升高，到平流层顶高度附近达到最大值。中间层是指从平流层顶到 85km 高度左右的这一层大气，这层大气吸收的辐射能量很少，温度随高度的上升而降低，到中间层顶温度下降到最小值，是地球大气中最冷的部分。中间层顶以上的大气层称为热层，在热层内温度随高度迅速增加，太阳辐射中的强紫外辐射的光化学分解和电离反应造成了热层的高温，并且垂直温度梯度非常大，在热层内温度很快就上升到几百摄氏度，再往上升温的趋势变缓，最终可达1000~2000K。

随着空间技术的发展，人们对于对流层以上的大气是什么样的状态，是否会影响人类的生存和发展产生了极大的兴趣。10km以上的地球大气称为“中高层大气”，它包括对流层上部、平流层、中间层和热层。中高层大气虽然比较稀薄，但是它却占有非常巨大的体积，在其区域内存在复杂的光化学和动力学过程，它们对于大气的能量和物质收支平衡非常重要。一直以来，人们对于中高层大气都缺乏有效的探测手段，对遥感探测而言，这一层段对地面的无线电遥感技术来说大多属于盲区，而卫星从上到下的被动光学遥感又存在分辨率和精度方面的缺陷。采用探空火箭又过于昂贵。直到激光雷达的出现，才为中高层大气的探测提供了有效的手段。用于大气探测的激光雷达是历史上出现最早的激光雷达，也是目前应用最广泛的一种激光雷达。

中高层大气中的天气现象一般指大气密度、温度和风速的扰动（突变）以及空间电场状态的改变等，天气要素主要包括大气温度、气压、风和大气成分密度以及电离层电子密度等。科学家对地面到20km之间稠密的对流层大气的研究历史已逾百年，形成了较完善的天气学和大气动力学理论，在此基础上，建立了科学的气象预报方法，并在人们的日常生活、经济建设和军事活动等领域发挥了重要作用。在稠密大气层之上的中高层大气天气现象属空间天气范畴，其主要的理论基础是空间物理学和大气科学，在天气现象、形成机制、研究内容和技术手段等方面都有很大不同。例如，稠密大气层天气的形成是在太阳辐射能量驱动下的地球大气动力过程、热力过程和地球运动的综合结果，是以地球大气为背景产生的，而空间天气则是在太阳电磁辐射和粒子辐射两种能量形式的驱动下形成的，是以太阳活动为直接背景的，不能沿用传统天气学和大气动力学理论方法研究中高层大气环境，必须发展新的理论技术和方法，研究揭示中高层大气天气过程的物理和化学机制。

中高层大气是日-地关系链中的重要环节，太阳活动对中高层大气中的许多物理、化学和动力学过程，以及与其相邻的上、下层次之间的相互作用过程都有重要的影响，开展中高层大气的研究不仅具有很高的学术价值，而且对人类的生存、发展以及航天和军事的进步也有着重大的意义。

由于中高层大气是各种航天器的通过区和低轨航天器的驻留区，在其高度上的暂态结构对飞行器的安全与准确入轨具有重要影响。远程战略导弹通常飞行在中高层大气中，要使它准确地击中目标，精确、适时地给出中高层大气参数是至关重要的；中高层大气中各种扰动带来的大气参数偏差，将严重影响导弹的命中精度、卫星和飞船的安全发射、在轨寿命及顺利返回。例如，由于地球大气随高度指数下降，在低层大气激发的扰动在向上传播时，其振幅会随高度指数增长，当传播到中层顶和低热层（70～120km）区域时，会由于对流不稳定性等多种因素产生大量强烈的大气湍流，导致航天飞机和远程战略导弹在经过这一区域时产生强烈抖动，甚至会偏离预定飞行轨道。另外，在火箭发射中，阵风会改变火箭的姿态和飞行方向，影响正常入轨；风切变会产生切变力，造成火箭共振破坏。除了这些大气动力学过程的影响以外，从遥感和通信方面来看，电离层会与电磁信号发生强烈的相互作用，而平流层大气和中间层则对光学信号的传输有重要影响。另外，中性大气的空间不均匀性会导致遥感信号传播路径的变化；对中高层大气参数特性的深入研究和理解，有助于辨明遥感设备的回波机制，选择合适的遥感探测示踪物，寻找新的空间探测手段，推进空间探测技术的发展。因此，开展中高层大气环境研究在航天和军事上具有非常重要的应用价值。

1.1　大气的垂直分层

按照大气在垂直方向的各种特性，可以将大气分成若干层（图 1.1）。按大气温度随高度分布的特征，可把大气分成对流层、平流层、中间层、热层和散逸层（外层大气）。按大气各组成成分的混合状况，可把大气分为均质层（85km 高度以下）和非均质层（85km 高度以上），均质层中由于混合作用，平均分子量是不变的，而在非均质层中，由于扩散的分离作用，平均分子量有变化。按大气电离程度，可分为电离层和非电离层。按大气的光化反应的特征，可分为光化层和非光化层。按大气运动受地磁场控制情况，可分为磁层和非磁层。自地球表面向上，随高度的增加空气越来越稀薄。大气的上界可延伸到 2000～3000km 的高度。在垂直方向上，大气的物理性质有明显的差异。根据气温的垂直分布、大气扰动程度、电离现象等特征，一般将大气分为5层。

1. 对流层

对流层是大气的最下层。其高度因纬度和季节而异，就纬度而言，低纬度平均为17~18km，中纬度平均为10~12km，高纬度仅8~9km。就季节而言，对流层上界的高度，夏季大于冬季。对流层的主要特征有以下几个。

（1）气温随高度的增加而递减，平均每升高100m，气温降低约0.65℃。其原因是太阳辐射首先主要加热地面，地面的热量通过传导、对流、湍流、辐射等方式再传递给大气，因而对流层内越近地面的空气受热越多、气温越高、远离地面则气温逐渐降低。

（2）空气有强烈的对流运动。地面性质不同，因而受热不均匀。暖的地方空气受热膨胀而上升，冷的地方空气冷缩而下降，从而产生空气对流运动。对流运动使高层和低层空气得以交换，促进热量和水分传输，对成云致雨有重要作用。

（3）天气的复杂多变。对流层集中了75%大气质量和90%的水汽，因此伴随强烈的对流运动，产生水相变化，形成云、雨、雪等复杂的天气现象。

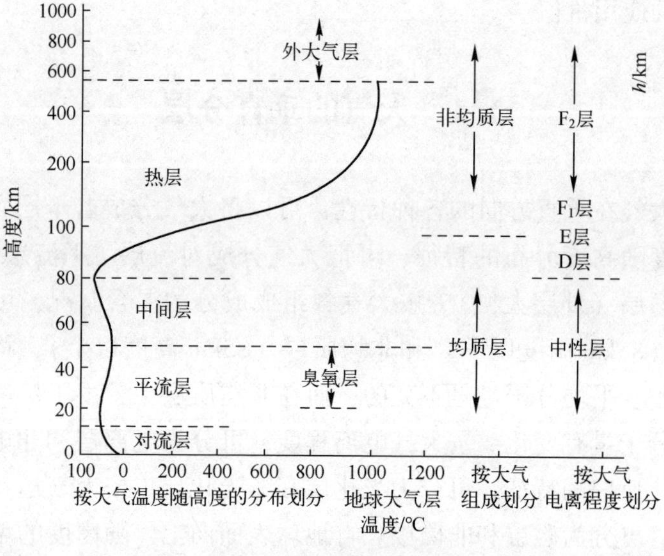

图1.1 大气分层结构

2. 平流层

自对流层顶向上55km高度左右为平流层。其主要特征有以下几个。

（1）温度随高度增加由等温分布变逆温分布。平流层的下层随高度增加气温变化很小。大约在20km以上，气温又随高度增加而显著升高，出现逆温层。增温是由于臭氧（O_3）吸收太阳近紫外辐射对大气加热的结果。由于O_3吸收太阳紫外辐射使大气加热，H_2O、CO_2、O_3的红外辐射冷却使大气降温，两者相互作用所建立的热平衡，决定了平流层内的温度垂直分布情况。

（2）垂直气流显著减弱。平流层中空气以水平运动为主，空气垂直混合明显减弱，整个平流层比较平稳。

（3）水汽、尘埃含量极少。由于水汽、尘埃含量少，对流层中的天气现象在这一层很少见。平流层天气晴朗，大气透明度好。

3. 中间层

从平流层顶到85km高度左右为中间层。其主要特征有以下几个。

（1）气温随高度增高而迅速降低，中间层的顶界气温降至-83~-113℃。因为该层臭氧含量极少，不能大量吸收太阳紫外线，而氮、氧能吸收的短波辐射又大部分被上层大气所吸收，所以中间层内温度类似于对流层的情况，随高度的增加而迅速递减；此外，行星波、内重力波（包括大气潮汐）和湍流热传导等动力加热，在极光带附近还有高能粒子沉降加热，对该层气温也有一些影响。

（2）出现强烈的对流运动。这是由于该层大气上部冷、下部暖，致使空气产生对流运动。但由于该层空气稀薄，空气的对流运动不能与对流层相比。

（3）在中间层顶高度，全球温度梯度分布存在“倒置”，即该高度夏季半球的温度低于冬季半球的温度。

4. 热层

从中间层顶到500km高度为热层，温度梯度消失的高度称为热层顶，其高度在300~500km，但它随太阳活动有很大变化，很难确切地指出这一高度的位置。热层的特征有以下几个。

（1）随高度的增高，气温迅速升高。据探测，在300km高度上，气温可达1000℃以上。这是由于所有波长小于0.175μm的太阳紫外辐射都被该层的大气物质所吸收，从而使其增温的缘故。确定热层内温度垂直分布时，还必须考虑气辉的能量辐射损失和热层底部大气中氧原子的红外辐射的冷却作用；其他的热源还有电离层电流（包括极区电急流）的焦耳加热，低层大气通过各种波动向上输送的能量，及磁层向下输送的能量；在极区，太阳粒子辐射的加热，可超过紫外辐射的作用；因此，热层内的热量收支十分复杂。

(2) 由于太阳远紫外辐射随太阳活动的变化较大，故热层温度结构也受太阳活动的支配，而且有明显的昼夜变化。

(3) 空气处于高度电离状态。这一层空气密度很小，在 270km 高度处，空气密度约为地面空气密度的百亿分之一。由于空气密度小，在太阳紫外线和宇宙射线的作用下，氧分子和部分氮分子被分解，并处于高度电离状态，故热层又称电离层。电离层具有反射无线电波的能力，对无线电通信有重要意义。

5. 散逸层

热层顶以上称散逸层。它是大气的最外一层，也是大气层和星际空间的过渡层，但无明显的边界线。这一层，空气极其稀薄，大气质点碰撞机会很小。气温也随高度增加而升高。由于气温很高，空气粒子运动速度很快，又因距地球表面远，受地球引力作用小，故一些高速运动的空气质点不断散逸到星际空间，散逸层由此而得名。据宇宙火箭资料证明，在地球大气层外的空间，还围绕由电离气体组成极稀薄的大气层，称为“地冕”。它一直伸展到 22000km 高度。由此可见，大气层与星际空间是逐渐过渡的，并没有截然的界限。

1.2 中高层大气环境特性

中高层大气通常是指高度在 20~120km 范围的大气层，包括平流层大部分、中间层全部和低热层，有时也指垂直范围更大的大气层，如其上限可达 300km。中高层大气密度很低，大气非常稀薄，占总大气质量不到 10%，主要呈现电中性，没有对流层中发生的台风和强对流等剧烈天气现象，但中高层大气层中的物理、化学和辐射等过程与日-地关系、全球变化和环境变化（包括空间环境和地面生态环境）有着重要的关系，中高层大气不仅受到日地空间（包括太阳大气、行星际和地球临近空间）作用的影响，同时也与对流层大气和固体地球之间存在复杂而频繁的交互作用。中高层大气相对 MLT（Mesosphere and Lower Thermosphere，中间层和低热层区域）区域来说，是一个相对宽泛也更加复杂的区域定义，大气内部的不同区域通过动力学、光化学及热力学等一系列过程相互作用；在其外部，通过波流的相互作用与对流层大气进行动量和能量的交换。同时中高层大气与电离层之间也有显著的动力学和电动力学过程的耦合。中高层大气中存在很多重要的大气现象，如平流层爆发性增温现象（Sudden Stratospherie Warming，SSW）、赤道地区风场准两年振荡现象（Quasi-Biennial Oscillation，QBO）及臭氧空洞（Ozone Depletion）等。中高层大气在整个大气系统研究中具有举足轻重的地位，一方面是由于有丰富的物理现象发生在中高层区域，对人类活动有重要影响；另一方面则是针对该区域的探测空间技术的进步具有重要意义，已有观测到的平流层降温、中高纬臭氧层损耗、中层顶温度降低和夜光云增加等事实，均作为全球变化的响应，中高层大气结构和许多过程发生了极其显著的变化，而且这些变化又对其上下层的环境乃至地面生态环境产生了影响。

地球大气的基本状态取决于大气的能量收支。其中包括由于大气成分吸收太阳短波辐射而产生的加热和自身热辐射导致的冷却，这些统称为辐射平衡过程，还包括由于动力过程导致的非绝热强迫效应。其中，大气成分的辐射吸收和发射性质控制了能量收支的主要过程，如图 1.2 所示，其结果形成了以温度为代表的大气分层结构。图 1.3 给出了从地面直到 120km 高度范围内，按照温度随高度变化的形式进行圈层划分的概念图像，其中包括对流层（troposphere）、平流层（stratosphere）、中间层（mesosphere）和热层底部（thermosphere）等区域。

相对于组成太阳辐射能量的主要光谱波段，以氮气和氧气为主体的地球大气是准透明的，因此太阳辐射可以穿过大气层到达地面。这些抵达地面的太阳辐射能量中除了一部分被直接反射回空间（取决于地表反照率），其余部分通过地表能量分配过程转化为驱动大气运动的能量，其中包括可以直接加热大气的感热、通过被蒸发的液态水带入底层大气的潜热以及依赖于地表温度的长波辐射。对于 10km 高度以下的大气，来自底部的感热加热驱动出强烈的垂直对流活动，它们反映在伴随对流活动的水汽物质发生相变而形成的云和降水等表观天气现象中。在本质上，对流活动实现了能量的垂直交换，尤其是伴随水汽相变形成潜热释放极大地提高了对流层大气能量垂直交换的效率，成为决定该层大气能量收支的重要机制。

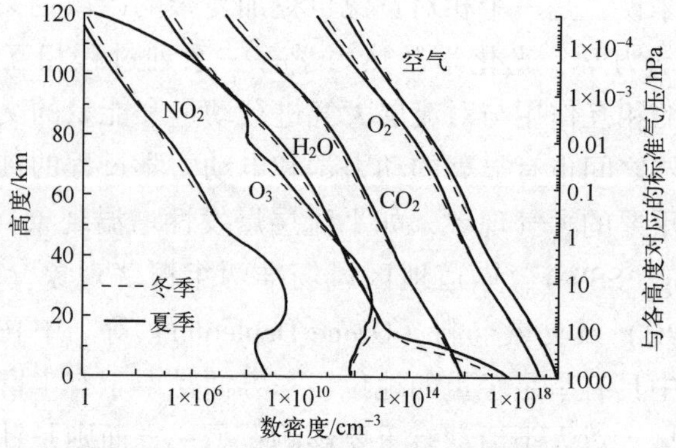

图 1.2　一些主要大气成分数密度垂直廓线

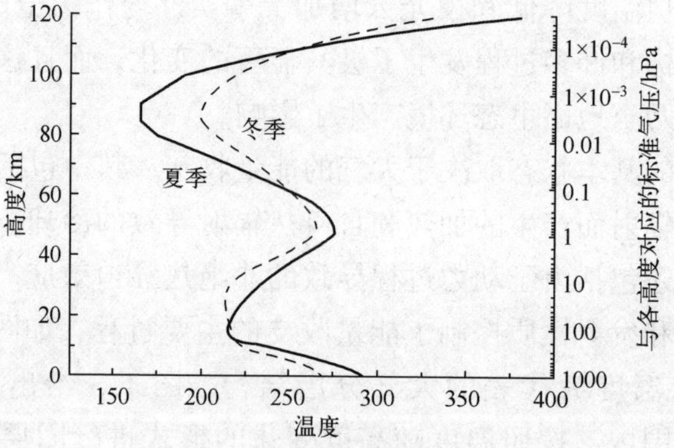

图 1.3　全球大气平均温度垂直廓线

与对流层不同，由于远离地表而缺少直接感热加热，中高层大气中对流活动远不及对流层显著，同时由于缺少水汽这样的自然大气热机物质，对流活动也无法得到加强。在全球月平均这样的时间尺度上，位于从 10km 高度直到大约 70km 高度范围中的大气基本处在辐射平衡的状态中。这个高度范围包括了平流层和中间层的下部，图 1.4（a）给出了满足辐射平衡的全球温度分布和与之对应的纬向风分布。可以看到，与该季节照射到大气的平均太阳辐射通量的纬度分布一致，在平流层中形成了冬半球极区指向夏半球极区的温度梯度。图 1.4（b）进一步显示了与在冬半球温度梯度相伴的绕极西风（即“极夜急流”）。

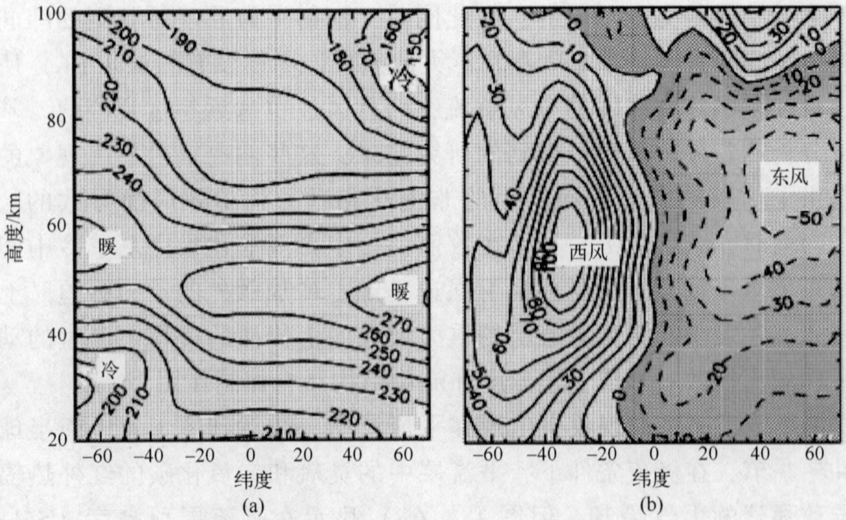

图 1.4　北半球仲夏（6 月）条件下 20~120km 高度范围内沿纬圈平均的温度和纬向风全球结构（数据来自国际科联空间研究委员会推荐的全球平均大气模型（CIRA-86））
（a）温度分布和纬向风分布；（b）绕极西风。

除了通常意义上的辐射吸收和发射外，太阳辐射中位于高能谱段（如紫外）的辐射能够在中高层大气中激发出多种光化学反应，这些反应的结果不仅导致大气成分的变化，其间还伴随着能量的转换，直接影响到非绝热加热的性质。例如，在太阳紫外辐射的激发下，氧气和一些微量大气成分通过光化学反应形成了中心高度位于 30km 的臭氧层。一方面，臭氧层是太阳紫外辐射（UV-B）的强吸收体，构成了地球生物圈和人类生存的保护层；另一方面，臭氧层由于强烈吸收太阳紫外辐射而在平流层中形成了一个重要的热源。平流层的温度垂直结构在本质上正是由臭氧层的加热效应决定的，由于和辐射平衡过程之间存在密切的联系，中高层大气化学成为当前备受关注的研究焦点。

图 1.4 还说明在相当大的范围内，中高层大气的基本状态是偏离辐射平衡的，它们反映了来自动力强迫的控制作用。首先，这种偏离辐射平衡的状态在中间层顶附近最为明显，如图 1.4（a）所示，在 87km 高度，与平流层相反，这里的温度梯度从夏半球极区指向冬半球极区，从中可以看到，低温中心出现在夏半球极区，基于详细的大气光谱学数据开展计算的结果指出，这个出现在极昼环境中的冷中心与辐射平衡原理

所预测的结果是完全不同的；与此同时，辐射平衡原理所预测的纬向风结构也和实际观测结果之间存在巨大的差异，不仅没有图 1.4（b）所示的出现在夏半球高纬度的东风急流，而且风速也远远超过观测值。基于理论分析和开展数值模拟得到的研究结果，这些偏离辐射平衡现象的产生是由于伴随动力过程而产生的非绝热和动力强迫效应而导致的。例如，当前研究结果指出，为了在数值模拟中再现上述极区夏季冷中间层顶和东风急流现象，需要在辐射强迫基础上增加额外的动力强迫。上述一些研究还表明起源于对流层的重力波在向上传播的过程中产生的动力阻曳和湍流扩散对形成上述温度和流场结构具有控制作用。

偏离辐射平衡的现象也出现在平流层中。注意到图 1.4 中南半球处于仲冬季节，在极夜条件下，平流层中的臭氧和二氧化碳的红外热辐射将导致强烈的大气冷却，但图 1.4（a）显示在平流层顶高度（55km）却存在着一个明显的高温区，这种现象是由"向下控制（downward control）"原理作用下，在赤道和极地间形成的经圈环流中位于高纬度的下沉支中的绝热增暖效应的体现。在热带以外地区，从平流层上部直到中间层下部区域中，纬向风的结构使这里成为各种尺度大气波动（行星波、重力波）发生耗散的有利区域，伴随这些耗散而形成的动力强迫可以持续地维持到季节以上的时间尺度，形成了图 1.5 上部所示的"受波动驱动的热带外抽吸泵"，在它的作用下，由赤道和热带地区盛行的对流活动带入平流层底部的物质被进一步向高处输送并移向两半球中高纬度地区，最终在高纬度和极区下沉，组成了一个跨越半球范围的经圈环流（即 brewer-dobson 环流）。

就整体而言，有关中高层大气过程的定量动态认识还停留在概念模式阶段。在理论和观测方面取得的研究成果局限在理解具有全球尺度的平均态方面，探测技术和投入不足是主要的制约因素。例如，除了利用火箭作为搭载探测仪器的平台外，目前还没有其他方法可以针对中高层大气开展原位（in-situ）探测，由于大气密度过于稀薄，并且中性空气分子与电磁波的相互作用十分微弱，直到 20 世纪 70 年代中期才成功地将大功率大阵列的雷达系统应用到中高层大气探测中，其中包括甚高频雷达（MST 雷达）、中频雷达等，利用这样的设备获得了平流层下部和中间层的风场以及湍流活动的信息。随着 20 世纪 60 年代出现激光雷达，这种探测技术逐渐被用来获取从近地面直到中间层顶的大气密度和温度，以及平流层臭氧和平流层下部风场等信息。

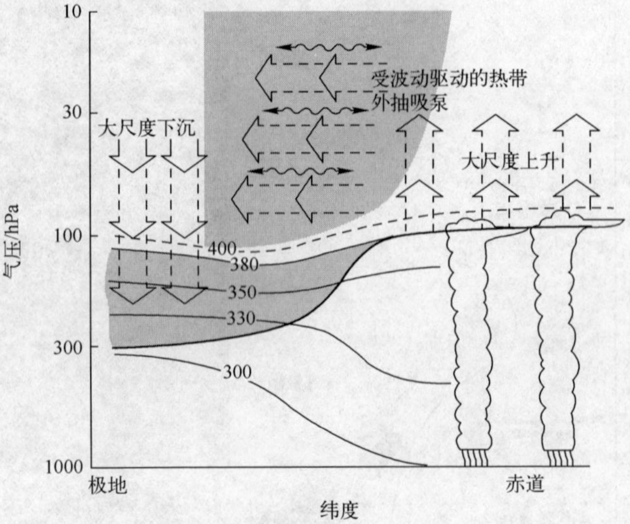

图 1.5 经圈环流概念示意

1.3 中高层大气对飞行器的影响

中高层大气是低动态临近空间飞行器（如太阳能无人机、平流层飞艇、自由浮动气球等）的重要工作区域，大气环境状态直接影响飞行器的安全与运控（图 1.6）。

临近空间又称“近空间”“近太空”“近地空间”或“空天过渡区”等。目前，国际上对临近空间的具体高度范围没有统一定义，通常是指距地球表面 20~100km 的空间区域。临近空间是航空和航天空域的结合部，在未来一体化联合作战中具有重要的军事应用价值。近年来，世界主要国家从各自的战略利益出发，加紧了临近空间的开发及利用研究，努力争夺在临近空间内的主导权，伴随着新一代航空器、浮空器和亚轨道航天器等的发展，临近空间正在成为开展高技术应用和国防安全活动的新领域，是国家安全体系中的一个重要环节，在空天战场日益呈现高度融合趋势的今天，临近空间的存在，已构成对空天一体化战场、一体化力量和一体化作战的严峻挑战，不征服这一区域就谈不上真正的空天一体，对于形成国家全方位、立体化的安全体系意义重大。

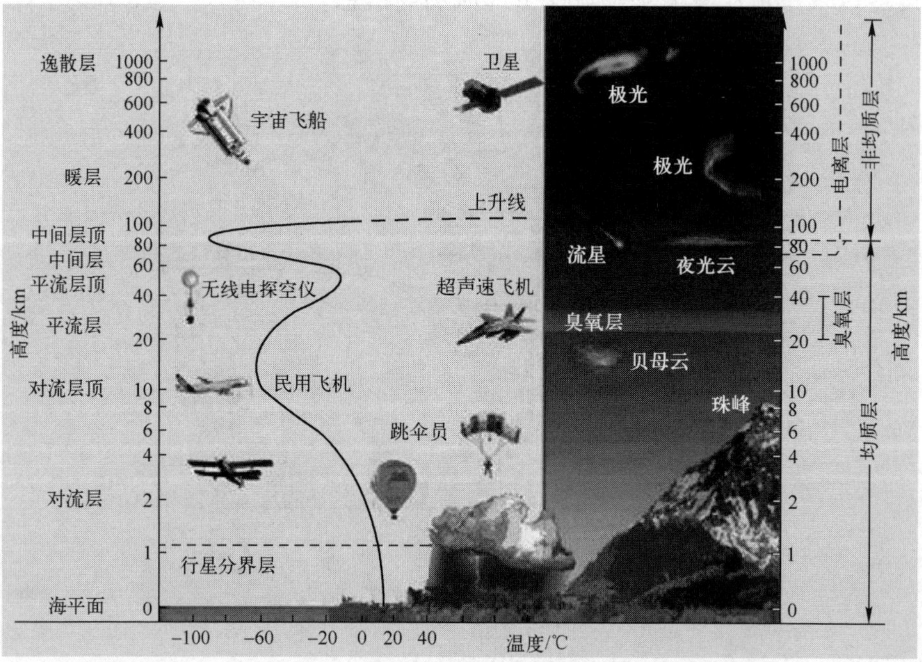

图 1.6　中高层大气影响飞行器的示意

临近空间飞行器是指能在临近空间作长期留空、持续飞行的飞行器，包括平流层太阳能无人机、平流层飞艇、自由浮动气球、遥控滑翔飞行器和高超声速飞行器等，临近空间飞行器根据飞行速度域可以分为 4 类：低速临近空间飞行器（$Ma<0.3$）；亚声速临近空间飞行器（$Ma<1$）；超声速临近空间飞行器（$Ma<5$）；高超声速临近空间飞行器（$Ma<5$）。国内外都特别重视开展临近空间飞行器技术和应用研究，如美国“猎鹰”（FALCON Program）计划、战术推进滑翔高超声速武器 TBG 项目以及高超声速吸气式武器概念 HAWC 项目等。临近空间武器装备弥补了作战飞机和人造地球卫星工作范围之间存在的广阔真空地带，可以执行多种军事任务，避免目前绝大多数的地面攻击，具有安全性高、生存能力强和部署快速、效费比高等优点，又可以提高军事侦察和对地攻击的精度，具有较大的覆盖范围、较高地面分辨率和成像灵敏度，对于情报收集、侦察监视、通信保障以及对空对地作战等具有极大的发展潜力，特别适合现代战争的需求，是未来武器装备发展的新方向。

临近空间飞行器的设计性能和作战应用与运行环境有着密切关系。在临近空间高度范围内的中高层大气环境温度、密度、气压和风场等参数具有与其他空间环境不同的特点，其高度上的暂态结构对飞行器的安全、准确入轨和再入大气均具有重要影响；临近空间飞行器的结构设计、材料设计、飞行与留空路径设计、作战时段设计等均需要考虑临近空间大气环境特点和变化；同时，中高层大气中的大气风场、温度、密度、气压状态及大幅度变率直接影响飞行器的安全与运控。例如，平流层飞艇的囊体体积、抗风能力、浮力、推力、尾翼面积等总体参数需要根据大气环境特性数据计算，囊体材料的老化寿命、抗腐蚀能力等指标需要根据工作环境的臭氧浓度、紫外线辐射强度等分析确定；在飞行控制中，要根据空域内纵向及横向气象环境（特别是风场）的变化特点，建立针对性控制策略，实现对推力系统、囊体压差、艇上能源利用的有效控制；平流层大气太阳热辐射和环境温度、风速等要素的昼夜变化及其随高度的大幅度变率，影响浮空器蒙皮和气囊中气体的温度，导致浮空器的浮力、质心变化，从而影响飞艇的定点和飞行控制；臭氧的强氧化性将可能导致飞艇的部件和蒙皮材料变脆而加速老化，严重影响其在高空飞行的运行寿命；太阳辐照的时间和强度直接影响飞艇工作的时间和可获得能源的大小；风场、温度和气压的变化会直接影响低动态临近空间飞行器的气动性能、驻留位置精度等。高超声速飞行器速度马赫数一般超过5，巡航高度可至临近空间，具有飞行高度高、速度快、侧向机动性能好等特点。与传统战略导弹尽量避免空气阻力的设计不同，在临近空间大气飞行的高超声速飞行器，往往是带翼（或舵）的，需要借助与空气的相互作用来调整姿态、保证精度，其主要技术指标的确定和调整必须充分考虑大气风场、温度和气压的实况及其变化。大气参数的误差积累，将严重影响高超声速飞行器的性能指标。飞行航路上的大气实时状态可直接影响其姿态、射程和命中精度。大气风场、温度和气压，对飞行高度、巡航速度、最大飞行速度具有重要影响；气溶胶和臭氧浓度，以及太阳辐射直接影响表面材料；大气密度对发动机推力影响显著，相关研究表明，大气密度增加20%~40%，按标准大气装定的战略导弹射程将会减少20~40km。当飞行器爬高越过对流层顶时，推力明显下降，特别是当飞行器穿过锋区时，密度的跃变可导致推力短时间内变化5%~10%，严重影响飞行器升力和载重量。

作为临近空间信息体系的重要组成部分，中高层大气环境信息是国家陆、海、空、天一体化信息系统不可缺少的组成部分。现代高科技战争最突出的特点是信息战和空间战，通过多维信息武器系统和高空平台的支持实现远程信息获取和精确打击，因此，空中平台、空间飞行器及其作战环境是武器系统发挥作用的前提，空间信息链路的空间环境特性和保障则成为作战保障的重点，实现时空无缝隙的空间环境信息支持和实现监测、预报、预警服务是技术保障的基础。

1.4 国内外研究进展

1.4.1 中高层大气探测技术

中高层大气探测是指对地球大气层中平流层、中间层和热层的物理、化学和动力学特性进行观测与研究的技术和方法，主要测量大气的密度、压强、温度、成分、风场等参数，以及这些参数随时间和空间的变化等。随着观探测技术的发展，中高层大气探测的手段结合了地基、空基和天基技术；不同手段互补，构成中高层大气探测的综合网络。其中主要地面观测设备有中间层-平流层-对流层（MST）雷达、非相干散射雷达、激光雷达、光学干涉仪和倾斜滤光片光度计等。MST 雷达是平流层、中间层大气风场和动力学特性资料收集的重要来源；非相干散射雷达可测量大气中的电离成分，通过与光学干涉仪的比对可间接反演出大气风场特性，其探测高度范围宽，是热层大气风场的重要观测手段。激光雷达除可以进行大气密度、温度和微量成分等的主动探测外，还可实现高光谱分辨率观测；光学干涉仪是通过对气辉发射线轮廓的测量，利用多普勒频移原理和谱线多普勒增宽效应，反演热层和中间层顶区的温度；倾斜滤光片光度计是根据不同转动量子数气辉谱线相对强度随温度变化的经典光谱学方法，进行中间层顶区温度探测。对中高层大气而言，特别是对高平流层以上到低热层高度，气球、火箭观测具有特殊优势。气球、火箭将探测仪器带到所要研究的高空高度上，可以直接测量大气的基本参数。气球、火箭探测中高层大气在地域性、高空间分辨率方面是不可或缺的探测手段，同时也是验证中高层大气卫星遥感资料的重要方法。卫星遥感中常见的探测仪器有大气密度探测器、大气成分探测器、原子氧探测器、大气辉光探测器、气体污染探测器及紫外成像探测器等。大气密度探测器通常采用电离计测量气体电离后的流强和气体温度来推算大气密度，如美国20世纪80年代的空间实验室的大气密度探测器、航天飞机STS-1~4（即航天飞机STS执行的4次航天任务）的大气密度探测器均采用电离计测量，其优点是测量精度高。利用大气的阻力而产生的加速度也可测量大气密度，如2000年发射的德国CHAMP卫星的加速度计可测重力场和大气密度。大气密度的测量范围与卫星的运行轨道密切相关。大气成分探测器通常采用质谱计进行探测，最常用的是四极质谱计，将大气分子、原子进行电离，通过荷质比区分离子成分，如1988年发射的美国LDEF卫星以及1997年发射的EOIM-3卫星的质谱计。高层大气的主要成分是原子氧，而原子氧对卫星的表面材料具有重要影响，因此也有专门测量大气中的原子氧或通过原子氧的效应来推算原子氧的原子氧探测器。太阳辐射与中高层大气的相互作用会产生气辉。通过气辉强度和光谱的测量可获得大气和电离层成分等信息，因此既有紫外线谱强度探测器，也有紫外成像探测器，如美国OGO6和SNOE卫星上气辉光度计、TIMED卫星的全球紫外成像仪能对115~180nm的远紫外进行扫描成像。卫星在轨运行期间会释放微量气体（如推进剂残余、材料放气等），这些排放可能对高层大气成分和空间环境造成局部影响，近年来逐渐引起了重视。通过高光谱遥感、激光雷达及多平台组网，可以对大气污染进行监测。通常使用微质量计来测量大气污染带来的微小质量变化。例如，1995年发射的STEP-3、EOIM-3以及1998年发射的STRV-2等卫星上均装有微质量计。对中低层大气的探测常选择红外波段和微波波段进行探测研究，如1992年美国发射的上层大气研究卫星UARS就采用了红外辐射探测器、低温临边阵列谱仪、微波临边探测仪等探测仪器，该卫星还采用大气X射线成像，测量进入大气的电子，用高分辨率多普勒成像仪测量中低层大气的风速。2017年发射的Sentinel-5 Precursor卫星搭载了TROPOMI（对流层监测仪），可用于监测对流层和平流层的大气成分，虽然主要关注低层大气，但其数据也可用于研究平流层-中间层的化学过程，如臭氧层变化和极地平流层云的形成。2020年发射的Sentinel-6 Michael Freilich卫星搭载了新一代微质量计，灵敏度较20世纪STRV-2等卫星的灵敏度提升近5倍。

我国火箭探测始于1958年，以其作为发展我国航天事业的起步，并在1960年9月首次试验成功；在卫星探测方面，从1971年发射“实践一号”卫星开展高能带电粒子、太阳X射线和磁场探测研究以来，我国陆续发射了“实践二号”“大气一号”“实践四号”“实践五号”“风云系列”“双星计划”“嫦娥”“神舟”系列飞船等多个航天器，进行了高层大气、高能粒子、空间环境效应等多方面的空间探测。在地基探测中，武汉大学自2001年起先后设计并成功研制出国际主流探测水平的钠共振荧光/瑞利激光雷达、铁共振荧光/瑞利激光雷达、钙原子/离子激光雷达、铁玻尔兹曼测温激光雷达，拉曼/米/瑞利散射激光雷达、六通道拉曼/米/瑞利偏振激光雷达、N2振转拉曼测温激光雷达和星载激光测高仪地面原理样机，建成了VHF MST雷达和流星雷达，利用这些地基遥感探测设备，实现对中高层大气背景参量及多种微量成分的探测。中国科学技术大学主研发以激光雷达为主的地基遥感探测技术，建成以激光雷达为主的中高层大气监测平台，包括5~40km车载测风激光雷达，15~60km车载测风激光雷达，80~105km窄带宽钠测温测风激光雷达，以及30~70km瑞利激光雷达，80~105km钠激光雷达等5台套大型激光雷达设备，实现对中高层风场全高程准无缝隙的探测。国家重大科技基础设施项目——东半球空间环境地基综合监测子午链（以下简称“子午工程”）是世界仅有的跨度最长（跨越地球纬度范围达130°）、功能最全、综合性最高的子午监测链。“子午工程”将我国东经120°、北纬30°附近的15个综合性观测台站建成一个以链为主、链网结合的监测体系，运用无线电、地磁、光学和探空火箭等多种探测手段，涉及非相干散射雷达、高频相干雷达技术、中高层大气激光雷达技术、行星际闪烁探测技术、全天空干涉成像技术等多项前沿关键技术，连续监测地球表面20~30km以上到几百千米的中高层大气、电离层和磁层，以及十几个地球半径以外的行星际空间中的环境参数。2025年，中国发射的“天路一号”卫星采用临边遥感技术，利用多普勒差分风成像仪可测量80~150km高度的风场信息，可以同步获取大气温度廓线、成分廓线和密度廓线等数据。

1.4.2 中高层大气动力学概述

20世纪70年代中期以前，中高层大气早期研究工作主要集中在对气象探空资料的分析应用上，发现了热带地区风场准两年振荡（QBO）和平流层爆发性增温（SSW）等现象。这一阶段理论研究的成果主要体现在对QBO和SSW动力学机制的解释上。此外，一部分高空火箭投入观测试验后，还发现中间层大气存在急流活动现象，引发了人们对中间层大气动力学过程的兴趣。20世纪70年代中期以后到80年代末这一时期里，利用Dobson光谱仪对平流层臭氧开展的持续观测，发现了南极春季出现臭氧空洞的异常现象。由于担心臭氧层的破坏可能导致灾难性后果，国际上加大了对臭氧层的探测与监测，并对大气动力学-光化学耦合过程展开了持续深入的研究。一系列国际中高层大气研究计划先后实施，如中高层大气前期计划（Pre-MAP）、中高层大气计划（MAP）和中高层大气合作计划（MAC），促进了无线电雷达、激光雷达等新型探测手段的应用，这些研究计划还促成了世界保护臭氧层公约（即《蒙特利尔公约》）的诞生，加深了对中高层大气物理、化学过程复杂性的认识。中高层大气波动盛行的区域，其中既有高频-中小尺度的重力波，也有缓慢变化-尺度与地球纬圈长度相当的行星波和大气热力潮汐等，它们决定了这里大气扰动的主要形态，实现了动量的空间传播，尤其重要的是，受环境的控制以及通过和环境流场发生相互作用，稳定的传播状态被破坏，最终导致波动携带的动量被环境截获，成为作用在背景流场上的动力强迫和作用于环境物质上的湍流混合。在从平流层底部直到中间层顶范围内，几乎所有大气环流的典型结构无不受到上述波动强迫的影响和控制，在大气各圈层中行星波都是显著的波动，过去的研究偏重行星波活动在影响地面天气方面的作用，近年来研究的焦点逐渐投向寻找平流层行星波活动和地面天气气候异常的关系，随着再分析数据的积累，利用这种数据对平流层定常行星波活动的时空结构，尤其对各种典型冬春季节平流层环流与波动活动的关系取得了较详细的了解。随着新卫星遥感探测手段相继投入应用，极大地扩充了人们原有的认识。例如，从目前观测资料得到的分析结果揭示了在冬春季节，平流层准定常行星波可以传播到中间层高度，在赤道地区中间层顶附近也存在相当显著的定常波活动，卫星数据还进一步揭示了非定常波的活跃表现，相对于定常行星波，传播性的波动具有更强的垂直传播能力，尤其通过观测分析发现频率较高的波动更有利于传播到中间层，这使得平流层波动的周期集中体现5~18天甚至更长，而中间层波动的周期集中表现为2~5天。值得关注的是，非定常波动的产生不仅取决于外部的强迫，在大气内部各种不稳定性的驱动下，通过共振机制也可以形成这样的波动

（Rossby 正交模），使得这种波动具有随处出现的性质。

除了行星波以外，大气热力潮汐也是中高层大气波动的一个重要组成部分，它们是球面大气在由于太阳照射而形成的具有日变化性质的热源的驱动下产生的全球共振响应波动，其周期为一个完整的周日时段（24h）或它的谐波。根据这样的时变性质，周期为 24h 的潮汐统称为周日潮，而周期为 12h 的潮汐为半日潮等。观测结果显示这些起源于低层的波动可以传播到低热层高度（100km 以上），并成为中间层和低热层区域（MLT）最显著的扰动形式。

自从 Holton 揭示了重力波强迫对中间层环流的控制作用以来，关于重力波的研究一直是中高层大气动力学关注的一个主要内容。重力波是一种中小尺度的波动，是中小尺度不平衡动力过程中能量频散的重要机制，目前已经认识存在多种诱发机制，除了早期在地形强迫效应方面取得的认识外，观测研究显示各种中小尺度对流系统、天气尺度锋面以及高空急流等都可能激发出重力波。由于这些系统自身处在移动的过程中，而波动的产生与系统内部的暂态过程密切相关，这些都使得对波动的描述变得相当困难，近年来针对深厚对流系统开展研究认识到存在 3 种主要的重力波诱发机制，即“机械振荡器效应”“障碍物效应”和“热力强迫效应”。重力波的产生依赖于局地系统，对这些局地波动活动分布的认识是估计全球效应的基础，在这方面虽然利用地基遥感探测（如激光雷达、风廓线雷达及全天空气辉成像仪等）数据开展研究取得了一定的效果，但是这些数据在空间覆盖和时间覆盖方面都存在严重不足，目前利用临边探测数据已经获取了多年中高层大气重力波活动的信息；与此同时，随着全球定位系统的发展，其中的卫星探测可以提供高分辨率的全球温度廓线数据，这对于研究平流层重力波活动起到了积极作用。20 世纪 90 年代后，在世界气候研究计划（WCRP）/平流层过程及其对气候的作用（SPARC）的推动下，一组由美国国家海洋大气管理局气候资料中心（NOAA/NCDC）编辑整理的包括美国和一些热带太平洋岛屿的高分辨率探空资料被公布在 SPARC 数据网站上。在此基础上开展研究的结果对于刻画北半球重力波活动随季节和纬度变化的特征起到了重要作用，利用这些数据开展研究的结果还揭示了热带重力波活动的年际变化特征，尤其是发现了这种变化与赤道平流层纬向风准两年振荡（quasi-biennial oscillation，QBO）现象之间的密切关联。高时空分辨率再分析资料为捕捉重力波的小尺度特征提供了便利，再分析资料可提供从地面到平流层的连续垂直层数据，揭示重力波的传播和垂直结构特征。此外，由于再分析资料能够提供连续的、长时间序列的全球天气、气候信息，可用于揭示重力波在全球的分布，并为研究重力波驱动的大气环流提供了可能。数值模式的模拟数据，尤其是高分辨率的气候模式与天气模式模拟，能够提供大气动力学中更加细致的物理过程描述，包括大气层结构、热力学过程和微物理过程等，与实际观测资料结合分析对理解重力波的生成、传播和衰减过程至关重要。

1.4.3 中高层大气数值模拟概述

近年来由于空间探测技术的不断发展，大大推动了对中高层大气的各种物理过程、化学过程以及动力过程的研究，同时也促进了中高层大气模式的快速发展。与对流层大气研究一样，立足于基本流体力学规律和一系列物理、化学过程规律的基础上，开展中高层大气环流与物理、化学过程的数值模拟是近年来中高层大气研究的一个重要方面，从而使我们可以对中高层大气过程与低层大气之间的相互作用，物质、能量和动量的交换，以及中高层大气内辐射过程、化学过程、微物理过程和动力过程进行深入的观测和模拟研究，分析这些过程之间的相互作用，了解中高层大气对地球气候和生态环境的影响。

中高层大气的科学问题中包含了复杂的大气动力、热力、化学和微物理过程，研究它们之间的相互作用和反馈仅靠有限的中高层大气观测资料是远远不够的，仍无法对其进行全面、深入的理解和认识，需要借助合适且完备的中高层大气模式进行模拟分析和诊断。在中高层大气模式发展的初期，受到计算机条件的约束和对中高层大气基本过程认识的限制，通常使用的是比较简单的机制型大气动力模式，这类模式设计简单、计算省时，有其独特的优点，但局限性也非常明显，首先，机制型模式中不涉及平流层和对流层的相互作用，只包含了简单的平流层过程；其次，模式中只描述一些简单的物理、化学过程，对于不同物理过程相互之间，以及与大气动力、化学过程的相互作用，该模式不能进行真实的反映和再现。开展中高层大气中动力、化学和物理等过程之间相互作用的研究，理想的模式是基于大气环流模式的框架下耦合了中高层大气全过程的完备的大气模式，这类模式对描述行星大气运动的原始方程组进行计算，其中包括了各类大气过程，如化学过程、辐射过程、对流和云的物理过程，甚至大气行星边界层内的物理过程等。但是这类中高层大气模式由于设计复杂、计算量大，受到了计算机发展水平很大的制约，同时也很大程度地依赖于现有大气环流模式的性能和水平，因此发展速度相对缓慢。随着计算机计算能力的不断提高，在过去的几十年内一系列的二维和三维的基于大气环流模式的中高层大气模式得以发展，这些模式大多是模拟了平流层中的动力和化学过程，少数的包括了热层中的大气过程。尽管中高层大气模式在近些年中得到了迅速发展，但在模拟中高层大气中的动力、化学过程时仍然存在着显著的差异和很多不确定性，有的不能很好模拟出南极上空的臭氧空洞和平流层痕量气体的空间分布、时间演变特征，有的不能模拟出平流层赤道上空纬向风的准两年振荡和极地平流层的爆发性增温过程，一部分模式甚至不能合理地模拟出平流层上层以上大气层的温度分布。不同的中高层大气模式模拟结果之间的差异除了与模式的数值方案设计、模式的分辨率以及模式顶高度的选取有关外，最主要的原因是模式对于中高层大气中各种物理和化学过程处理得不够完善。更加值得注意的是，一些模式中虽然包括了平流层中的大气化学过程，但这些化学过程并没有完全和大气环流模式实现双向耦合，因此不能很好地再现中高层大气内辐射-动力-化学过程的相互反馈和作用。

经过近 10 几年的快速发展，中高层大气模式虽然仍存在一些不足，但它已经受到了越来越多大气科学工作者的重视，并且在中高层大气研究领域得到了较广泛的应用。早期受到观测资料缺乏、理论依据不完善的限制，对中高层大气自身变化特征和扰动规律的认识还不够具体、深入，中高层大气模式首先可以用来从事这方面的工作。到目前为止，对于“平流层大气的扰动是由哪些大气过程驱动”这一问题仍然没有完全理解，平流层大气内的赤道纬向风准两年振荡和准半年振荡（SAO）、平流层顶附近的两天波扰动以及冬季极地平流层的爆发性增温等一些突出的物理现象的内在机制、变率及其对整个大气环流的影响还不是非常清楚，可以结合越来越丰富的气象再分析资料、卫星观测数据等，应用模式对这些问题进行深入、详细的探讨。现在已经有一些工作应用中高层大气模式研究了赤道海温异常（ENSO）对北半球冬季平流层中高纬度地区环流的影响；Tian 等也应用中高层大气模式较好地模拟出赤道平流层纬向风的准两年振荡和准半年振荡。中高层大气模式另一个重要的作用是模拟研究大气中的痕量化学物质和气溶胶粒子的分布及传输特征，其中对平流层中痕量化学物质的模拟已经取得了很好的进展。例如，利用不同大气化学-气候模式模拟得到的在不同纬度地区纬向平均的臭氧混合比气候态分布及其同 HALOE 卫星观测结果的比较表明，在热带平流层低层，大部分的模式模拟结果都和观测事实接近（13 个模式中有 9 个符合），与卫星观测到的平均值相差 1ppmv（$1ppmv=10^{-6}$）左右；而在平流层的高层只有 4 个模式的模拟结果和卫星观测相差不到 1ppmv，在热带区域，模式中重力波的参数化方案非常重要，模式中的动力过程对臭氧等痕量气体的分布影响很大。在南、北半球的中高纬度地区大部分的化学-气候模式也都可以较好地模拟出臭氧的垂直分布特征，有利于进一步认识卫星观测缺测区域臭氧的分布情况。此外，这些大气化学-气候模式还能够很好地模拟出甲烷、水汽等温室气体，以及氯化氢等对平流层臭氧有直接影响的化学物质的分布特征。近些年来，对流层以上大气已经逐渐成为天气预报和气候预测模式的一部分，但是平流层大气通过怎样的方式和机制影响对流层的天气、气候仍然存在很多疑问，中高层大气特别是平流层大气的变化和变率对于季节内、年际尺度的天气预报以及气候预测具有非常重要的指示意义，要深入全面地研究平流层—对流层耦合大气系统的变化规律和相互作用，提高中长期预报和气候预测的能力，一个包括动力过程、辐射过程、大气化学甚至微物理过程的全面的中高层大气环流模式是必不可少的。另外值得指出的是，用于数值天气预报的大气环流模式也逐渐将模式层顶高度向上扩展到中高层大气，如 ECMWF 的全球中期数值预报模式顶部取到 0.01hPa（约 80km），并在中高层大气动力学过程和辐射—动力—化学过程上做了很大的改进，引入了臭氧和甲烷等化学过程参数化方案，其主导的 GEMS 计划以发展面向对流层-平流层的全球和区域资料同化和模式预报系统，实现 ECMWF 现有的集成预报系统与化学输送模式 CTM 的耦合为目标，目前取得了重要进展，初步形成了平流层臭氧和温室气体等的业务预报能力；2001 年美国海军研究实验室启动了“下一代海军业务化大气预报系统”（NOGAPS-ALPHA）研究计划，该计划将美国国防部高分辨率数值天气预报系统，即海军业务化大气预报系统（NOGAPS）的预报范围从 0~30km 高度向上扩展到 60km，然后逐步延伸到 80km，最终发展到 100km，包含整个临近空间范围及相应的中高层大气物理化学过程，以应对美国国防部对全球中高层大气预报的新需求。与此相对应的是应用中高层大气模式进行资料同化的工作也成为一个新的研究热点，如 ECMWF 在其业务四维变分同化系统中实现了一个单变量臭氧同化分析方案，主要同化了 GOME 和 SBUV/2 仪器的臭氧反演量，从 2003 年开始实现了臭氧预报的业务化，提供臭氧的分析量和预报量，能够提高对流层动力变量的预报技巧，尤其是长时间尺度的预报质量，英国气象局（Met Office）目前正在发展臭氧同化方法。与欧美发达国家相比我国有关中高层大气模式的研究工作起步的较晚，虽然也取得了一些可喜的进展，但仍存在着一定的差距。近些年来，WMO 的 CCMVAL、GRIPS 计划，WCRP 建立的 SPARC 核心计划，以及 IPCC 的 AR4、AR5 模拟计划的实施，让我们对中高层大气模式的现状有了更加全面、完整的认识，也进一步明确了它存在的不足和未来的发展方向。

发展中高层大气模式首先要做的工作就是进一步完善现有模式中的动力学框架，即基本的大气环流模式。目前的中高层大气模式大多是在对流层大气环流模式的基础上向上延伸至平流层、中间层，虽然对流层的大气环流模式已经发展得比较成熟，但这部分工作无论是技术上还是理论上都是一件十分具有挑战性的事。Butchart 等详细比较了 CCMVAL 计划中各个中高层大气模式对平流层气候及环流变化的模拟结果，这些包含了中高层大气变化过程的大气环流模式大都能较好地模拟出大气一些主要的平均特征，并且对 21 世纪平流层中温室气体的增加和臭氧的恢复给中高层大气带来的影响有很好的模拟再现能力。但是模式的模拟结果在一些细节上和实际观测相比还存在一些较明显的差异，如平流层急流区的位置、强度以及对流层顶的温度和高度等。近年来，全球大气模式开始采用完全可压缩的深层大气动力框架（Deep-Atmosphere Equations）采用完整的动力学方程、有效重力和几何修正以及非静力平衡，可以加精确地描述中高层大气的动力学过程，显著提升了中高层大气模式的模拟能力。

重力波是中高层大气中最主要的波动形式之一，因此发展中高层大气模式的另一个重要工作就是进一步完善模式中重力波的参数化方案，这一工作对提高模式对中高层大气动力过程的模拟性能至关重要，之前的研究工作已经证明重力波在所有高度上对大气环流都有非常重要的影响，如何在模式中对重力波进行参数化是一件非常困难的工作，特别是这些参数化方案中有一些重要的参数目前还没有找到很好的物理约束条件，因此这些参数会随着模式空间分辨率的改变而调整，带来很多的不确定性。Plougonven 开创性地改进了 OGW 的参数化问题，首次将地形各向异性纳入参数化框架，显著提升了大气模式对复杂地形与大气波动相互作用的刻画能力，开发了快速椭圆傅里叶变换算法，有效降低了计算复杂度，使其能够实时应用于高分辨率气候模式中。Niekerk 和 Vosper 在 Plougonven 等人工作的基础上对 OGW 参数化进行了进一步的拓展，通过引入更全面的频谱分析和流动阻塞效应，结合线性理论与傅里叶描述技术，显著优化了传统参数化方案对复杂地形与大气波动相互作用的刻画能力，从而减少了北半球和南半球上层对流层及下层平流层中常见的过强纬向风偏差。Xu 等研究发现，参数化中的 OGW 会受到非静力效应的显著影响，并且这种非静力效应随着模式水平分辨率的提高而增强，因此在高分辨率数值模式中，非静力效应在 OGW 参数化中变得更加重要，为了更好地表现非静力效应，提出了一种新的非静力 OGW 参数化方案。考虑到非静力效应对 OGW 垂直动量传输和大气环流的影响，相比传统的静力模型，新的非静力参数化方案能显著改善青藏高原等复杂地形区域的东风偏差，并减少北半球极地平流层的东偏。但是，该方案对大尺度环流的整体影响则不那么显著。近年来，出现了许多新的重力波参数化方案，中高层大气动力学模拟的不确定性有望通过这些新的建模方法得到有效解决，大幅提升我们对中高层大气环流结构的理解以及中高层大气的数值模拟精度。

同对流层大气相比，大气化学过程在中高层大气特别是平流层大气中是不能被忽视的，进一步完善中高层大气模式中的化学过程，并实现化学与大气环流模式的双向耦合是发展中高层大气模式的又一重要工作，需要综合考虑动力学、光化学反应、辐射传输、气溶胶-云相互作用等多物理场耦合，这是未来全大气模式发展需要重点关注的方向。由于热力结构、能量收支、物质输送机制以及时空尺度的差异，数值模式对中高层大气和对流层大气在动力学和物理过程（尤其是辐射过程）的描述存在显著差异。因此，较以对流层为主的大气环流模式，中高层大气模式在辐射主导的能量收支与非平衡化学的强约束、重力波和行星波对环流的决定性作用以及痕量气体的垂直输送与光化学反馈等方面具有特殊性。因此，改善中高层大气模式中的辐射传输方案是非常重要的工作，也是理解中高层大气能量平衡、光化学过程和气候效应的关键。目前用于中高层大气的辐射传输方案的光谱分辨率（特别是紫外光谱区）通常较低，所考虑的吸收气体的种类也不够完备，从而导致了模式模拟的全球平均温度存在一定的偏差，并且如何更好地表征大气臭氧层和温室气体增加对长波辐射的作用是改进气候变化模拟的一个可能途径，它们可以作为对流层大气和地球表层气候变化的上边界条件考虑。另外，中高层大气中的火山气溶胶作用、云和气溶胶粒子的微物理过程等都还没有得到很好的处理，需要开展进一步的研究工作。

参考文献

[1] 吕达仁，陈泽宇，郭霞，等. 临近空间大气环境研究现状 [J]. 力学进展，2009，36 (6)：674-682.

[2] 陈洪滨. 中高层大气研究的空间探测 [J]. 地球科学进展，2009，24 (3)：229-241.

[3] 康士峰. 临近空间大气环境特性监测与研究 [J]. 装备环境工程，2008，5 (1)：20-23.

[4] 田文寿，张敏，舒建川. 中高层大气模式的应用及发展前景 [J]. 地球科学进展，2009，24 (3)：252-260.

[5] 吕达仁，卞建春，陈洪滨，等. 平流层大气过程研究的前沿与重要性 [J]. 地球科学进展. 2009，24 (3)：221-228.

[6] 王雪莲，陈泽宇，吕达仁. 热带地区下平流层重力波的特性研究 [J]. 自然科学进展，2006，16 (12)：1583-1590.

[7] 吕达仁，陈洪滨. 平流层和中高层大气研究的进展 [J]. 大气科学，2003，27 (4)：750-769.

[8] 杨光，李崇银，李琳. 平流层爆发性增温及其影响研究进展. 气象科学. 2012，32 (6)：694-708.

[9] 陈泽宇，吕达仁. 东经120°E中间层和低热层大气潮汐及其季节变化特征 [J]. 地球物理学报. 2007，50 (3)：691-700.

[10] 胡雄，张训械，张冬娅. 重力波对中间层和低热层大气环流的影响 [J]. 空间科学学报. 2005，25 (2)：111-117.

[11] 杨秉，杨健，李小将，等. 临近空间飞艇运行环境及其影响 [J]. 航天器环境工程. 2008，25 (6)：555-557.

[12] 戴秋敏，方贤德，王昊，等. 大气模型对高空气球运动特性和热特性的影响 [J]. 计算机仿真，2013，30 (9)：79-139.

[13] 张晓芳，严卫. 中高层大气探测技术的研究进展 [J]. 气象科学，2007，27 (4)：457-463.

[14] 伊藤博. 航空气象 [M]. 北京：科学出版社，1981.

[15] Murgatroyd R J，Goody R M. Sources and sinks of radiative energy from 30 to 90km [J]. Q J R Meteorol Soc，1959，87：225-234.

[16] Garcia R R, Lieberman R, Russell J M, et al. Large-scalewaves in the mesosphere and lower thermosphere observedby Saber [J]. J Atmos Sci, 2005, 62: 4384-4399.

[17] Holton J R, Haynes P H, McIntyre M E, et al. Stratosphere-troposphere exchange [J]. Rev Geophys, 1995, 33: 403-439.

[18] Skamarock, W. C., H. Ong, and J. B. Klemp, 2021: A Fully Compressible Nonhydrostatic Deep-Atmosphere Equations Solver for MPAS [J]. Mon. Wea. Rev., 149: 571-583.

[19] Plougonven, R., An essay on the parameterization of orographic gravity wave drag [C]. 1986.

[20] van Niekerk A, Vosper S B. Towards a more "scale-aware" orographic gravity wave drag parametrization: Description and initial testing [J]. Q. J. R. Meteorolog. Soc.. 2021, 147 (739): 3243-3262.

[21] Xu X, Zhang R, Teixeira M A C, et al. A Parameterization Scheme Accounting for Nonhydrostatic Effects on the Momentum Flux of Vertically Propagating Orographic Gravity Waves: Formulas and Preliminary Tests in the Model for Prediction Across Scales (MPAS) [J]. J. Atmos. Sci.. 2024, 81 (5): 805-817.

[22] Xu X, Ji Y, Zhou X, et al. Reducing Winter Precipitation Biases Over the Western Tibetan Plateau in the Model for Prediction Across Scales (MPAS) With a Revised Parameterization of Orographic Gravity Wave Drag [J]. J Geophys Res-atmos. 2023, 22: 1-14.

[23] Zhaoyang Chai, Minghua Zhang, Qingcun Zeng, He Zhang, Jiangbo Jin, Jinbo Xie, Ting You, A high-top version of IAP-AGCM: Preliminary assessment and sensitivity IAP-AGCM [J]. Atmospheric and Oceanic Science Letters, 2021, 14 (2), 100025.

[24] Zhang, H., Zhang, F., Liu, L. et al. Advances in Atmospheric Radiation: Theories, Models, and Their Applications. Part II: Radiative Transfer Models and Related Applications [J]. J Meteorol Res. 2024, 38, 183-208.

第2章 中高层大气模型

飞机、导弹、航天器和运载火箭在大气中飞行，大气的各种参数变化会影响飞机的飞行、导弹的命中精度、航天器和运载火箭的发射安全、航天器的在轨寿命和返回安全。例如，风是大气的流动，阵风会在火箭发射时改变其姿态和飞行方向，影响火箭的正常入轨；风切变产生的切变力会威胁到飞机的起落安全，还会在火箭发射时引起箭体共振导致发射失败。大气模型（也称为大气模式）是有关大气的参数值。标准大气和参考大气都是特定的大气模型，此模型提供了温度、气压、密度和风等大气环境的各种数据或公式，是飞机、导弹、航天器和运载火箭研制中计算的重要依据。各种航空航天系统的设计和任务计划都需要使用大气模型及其标准与参考大气，如航天器的轨道设计、姿态控制、轨道控制、轨道预报、飞行计划等工作均需要使用大气模型标准。国内外对大气的研究已经有了很多成果。不同产品在不同高度飞行，使用的大气模型不同：航空使用30km以下的大气模型；航天器主要使用80km以上的大气模型；航天器、运载火箭、导弹使用0~2500km的大气模型。20世纪60年代开始，一些国际组织和国家制定并发布了标准大气和参考大气模型（以下简称大气模型）。到目前为止，国际上航天领域常选用的大气模型已达 30 多个，各种各样的大气模型不断地发布和更新，这些大气模型各有特点，适用的区域和参数有所不同。在航天发射过程中，运载火箭和航天器往往跨越几个大气区域，需要选择不同的大气模型。同时，使用者需要选择适合具体任务的某种（些）大气模型，在型号设计中区别对待任务的不同阶段，选择相应的大气标准，这种选择可能不仅涉及一个大气模型标准。比如航天器，在发射段需要选择当地的大气标准，进入飞行段需要使用区域大气环境标准，入轨后需要使用全球大气环境标准，返回时又需要当地的大气环境标准。

2.1　大气模型概述

开展大气环境对实体模型影响的研究，需要建立描述大气特征的模型。目前建立大气环境模型主要有 3 种方式：一是通过对大气最基本特征的理论分析和数学简化提出的理想化模型；二是基于大量观测资料和观测事实进行分析和统计建立的统计特征模型；三是按照流体力学和大气运动规律建立并求解大气运动的非线性方程组，并进行数值模拟，从中给出的大气环境数值模型。近几十年来，从应用目标出发，大气科学界一直致力于通过利用中高层大气综合探测资料，结合有关控制大气基本物理过程的原理或半定量模型来建立适用于航空航天平台设计和应用评估的中高层大气模型。目前，关于中高层大气模型的研究还相当薄弱，早期利用非相干雷达（Arecibo、Jicamarca、Millstone Hill 和 St. Santin）获取的中性大气温度，结合星载（AE-B、OGO 6、SanMarco 3、Aeros A 和 AE-C）质谱仪获取的 N_2 密度资料建立了 MSIS（mass spectrometer and incoherent scatter）大气模型，其中并没有包括中高层大气。随着探测的发展，火箭探空技术实现了对中高层大气的测量，在此基础上 MSIS 模型逐渐将中高层大气包括进来，并不断改进，直到形成 MSIS-86，该模型所描述的中高层大气参数包括大气温度、密度以及一些主要大气成分（如 N_2、He、O、O_2、H 和 Ar 等）。其中，对这些参数的时间、经纬度分布、季节变化、年变化、日/半日变化以及地磁扰动和太阳活动的影响都提供了定量描述的能力，基于这样的性质，国际空间研究委员会（COSPAR）在 1986 年将 MSIS-86 推荐作为国际参考大气模型，即 IRA-86 大气模型。由于控制热层和中高层大气的物理过程完全不同，中间层就成为一个不仅是大气分层，同时也是探测的理论和技术的分界线；由于对大气层整体认识的需要，必须考虑中低层大气与热层大气的相互作用，这不仅对空间物理研究是必需的，更是大气科学研究的基础。因此，1990 年，在 MSIS-86 的基础上，NASA（美国航空航天局）对该模式进行了修正，将模式的有效高度发展到了中间层和更低层大气，即 MSISE-90，使该模式进一步成为能模拟全大气层不同物理和地理条件下气候平均的大气温度和各种成分垂直结构全球分布的完全解析模式。MAP16 的数据集是中低层大气的主要数据库，此外，也补充了一些历年（1947—1972 年）火箭探空资料和低热层/上中间层的非相干雷达的观测资料，此外，20km 以下还补充了美国气象中心的资料，该模式采用低阶球谐函数和傅里叶级数来描述大气参数的纬度、年、半年、局地时间和经度等的变化。由于逐月的变化无法被模式完整地进行描述，因此，模式设计时，要求低层大气的温度变化满足总标准差 3K，而压力为 2%。火箭以及其他资料验证证明，该模式具有较强的模拟能力，但对中间层顶区域细节的刻画能力并不完善。此外，本模式也不适用于对流层问题的专门研究。

MAP16 是纬圈平均的中高层大气的温度、密度和压力、风等月平均的数据集，覆盖纬度范围为 80°S~80°N，数据高度网格距约为 0.5 压力标高（与绝对温度有关，≥3.5km），同时给出了高度网格距为 5km 网格上的温度、压力和密度分布，其中温度数据由 30mb 以上的卫星温度观测值、Free University Berlin 柏林公立大学提供的 30mb 和从资料中导出的 50mb 及以下高度的气候值共同构成。该数据集同时也被推荐为 CIRA-86 的低层大气部分，所不同是，除了该数据集外，还有其他火箭和低热层/上中间层的非相干雷达资料同时作为构建 MSISE-90 中低层大气的数据库，基本约束条件是尽量满足流体静力平衡。

2000 年以来，美国海军研究实验室（US Naval Research Laboratory，NRL）对 MSISE-90 进行了几点改进，如加入了从卫星加速仪以及轨道定轨数据导出的总质量密度，包含了 1981—1997 年非相干雷达的温度数据库资料，以及 SMM（Solar Max-imum Misson）任务中太阳紫外掩星仪器获取的分子氧数密度数据等，重点对高层大气模型进行了修正，如引进了一种称为“amomalous oxygen”的新成分，修正了高层大气的总质量密度的计算，这些改进主要应用于500km以上大气阻尼计算中。由于高纬度地区及强地磁活动的观测数据非常稀少，作为一种统计平均值，这些模式都不能捕获任何一个特殊风暴事件的局地和短时特征，对一些中高层大气现象的描述也不够准确，如中纬度中高层大气中的中间层逆温现象（The Mesosphere Inversion Layer Phenomenon，MIL）。NRLMSIS-00模式虽然是一个统计平均结果，但是包含了更多数据覆盖，尤其是局地变化和强迫项。随着更多、更广、更密集的天、地、空观测资料的获取和资料处理技术的改进，该大气模型将得到不断改进和完善，成为了解热层和中高层大气要素和成分分布及变化趋势、研究热层和中高层大气的动力过程和现象以及上下层耦合的重要工具。

2.2 标准大气

航空器、航天器在大气中飞行，所受到的空气动力与发动机的工作状况以及大气状态密切相关。不同的大气状态下，对航空器、航天器进行空气动力或外弹道计算都会有不同的结果，因此无法比较航空、航天器的飞行特征。为了消除这种影响，需要采用模式化的大气状态场作为空气动力和外弹道计算的共同基础，这种模式化的大气状态场就是标准大气。

2.2.1 标准大气的基本特征

世界气象组织（WMO）对标准大气作了以下定义：标准大气是被国际上承认的能概略反映中纬度全球大气特征的一种假想的气温、气压和空气密度的垂直分布，它服从理想气体定律和静力学方程。标准大气的定义有以下几个特征。

（1）近似性。定义表明，标准大气代表的只是中纬度地区全球的平均大气特征，而且这种特征只限于它们的垂直分布，反映的精确程度也只能是“概略”的，同时这种分布是一种假想情况，不能用某地某时实际大气状态分布与标准大气的偏差作为衡量其运用的标准。

（2）静态性。定义规定，构成标准大气的空气必须满足理想气体定律和静力学方程，这就决定了标准大气模式表示的是大气静态特征，不包括风和大气的垂直运动。

（3）通用性。定义明确规定，标准大气必须得到国际上的公认，它不为某一科学技术领域所专用，而应作为多种学科的共同标准。因此，不同的国家或地区，或者不同的科学技术领域各自建立自己的标准，是没有必要的。

（4）稳定性。定义指出，在一定的时期内只能规定一种标准大气，除隔多年进行必要的修改外，不允许经常改动。从世界上第一个标准大气问世到1976年美国标准大气的发表，已有100多年的历史。1976年版的美国标准大气，是对目前所知的平衡静态大气状况较为完善的表示。目前，1976年版美国标准大气的32km以下部分，已被国际民航组织作为其标准大气；50km以下部分已被国际标准化组织作为其标准大气。1980年我国国家标准规定：中国的标准大气，30km以下部分等同于美国标准大气，30km以上部分参考美国标准大气。下面介绍1976年版的美国标准大气。

2.2.2 基本原理

1976年版美国标准大气，表示了中等太阳活动期间由地面到1000km理想化、静态的中纬度平均大气结构，给出了1000km以下的温度、气压、密度数据以及1000km以下各高度的数密度、平均碰撞频率、平均自由程、声速、黏性系数、热传导系数，还给出了32km以下各气压值的位势高度以及86km以上大气主要成分的数密度等数值。

标准大气假定：大气是静止的，空气为干洁的理想气体，在给定温度-高度廓线及海平面上的温度、压力和密度初值后，通过对大气静力学方程及气体状态方程的积分，获得压力、密度数据。

1. 静力方程的适用范围及修正

在86km高度以下，大气是均匀混合物，其中每种气体成分的相对体积不变，从而保证了空气的平均分子量 M 是一常数，其数值取 $M=28.9644\text{kg/kmol}$。假定空气是完全气体，遵循状态方程，即

$$P=\frac{\rho R^{*} T}{M} \tag{2.1}$$

干空气比气体常数 $R=\dfrac{R^{*}}{M}$ 为一常数，R^{*} 为通用气体常数，$R^{*}=8.3142\times10^{3}[\text{N}\cdot\text{m}/(\text{kmol}\cdot\text{K})]$。

如果用总数密度 n 和 Avogadro（阿伏伽德罗）常数 N_A 代表式（2.1）中的 $\frac{\rho}{M}$，则状态方程可表示为

$$P=\frac{nR^* T}{N_A} \tag{2.2}$$

式中：总数密度 n 为单位体积大气中所含的大气气体中性分子的数目；$N_A=6.022169\times10^{26}/\text{kmol}$。

若以各种气体的分压 P_i 表示总压力，自然有

$$P=\sum P_i \tag{2.3}$$

其中：

$$P_i=n_i\cdot k\cdot T \tag{2.4}$$

式中：n_i 为第 i 种气体的数密度；k 为 Boltzmann 常数，$k=1.380622\times10^{-23}(\text{N}\cdot\text{m/K})$，理论上它等于$\frac{R^*}{N_A}$。

在均质层中，大气遵循静力学方程，即

$$\mathrm{d}P=-\rho g\mathrm{d}z \tag{2.5}$$

其中 g 满足

$$g=g_0\left(\frac{r_0}{r_0+z}\right)^2 \tag{2.6}$$

式中：g_0 为 45°32′11″N 处海平面高度上的重力加速度，$g_0=9.80665\text{m/s}^2$；r_0 为该纬度处的地球半径，$r_0=6356766\text{m}$。

将式（2.1）代入式（2.5），可得到计算较低高度上气压的基本公式为

$$\mathrm{d}\ln P=-\frac{gM}{R^* T}\mathrm{d}z \tag{2.7}$$

在 86km 以上，由于各种气体的扩散和垂直输送的结果，大气静力学方程逐渐遭到破坏，需要采用包括扩散分离的动态定向模式。在这样的条件下，空气数密度随高度的变化，用单独气体成分的分子通量垂直分量来表示。对第 i 种气体成分，这个表达式为

$$n_i v_i+D_i\left(\frac{\mathrm{d}n_i}{\mathrm{d}z}+\frac{n_i(1+\alpha_i)}{T}\frac{\mathrm{d}T}{\mathrm{d}z}+\frac{gn_iM_i}{R^* T}\right)+K\left(\frac{\mathrm{d}n_i}{\mathrm{d}z}+\frac{n_i}{T}\frac{\mathrm{d}T}{\mathrm{d}z}+\frac{gn_i}{R^*}\frac{M}{T}\right)=0 \tag{2.8}$$

式中：v_i为第 i 种气体成分的垂直输送速度；D_i为第 i 种气体成分扩散到 N_2（氮原子）的分子扩散系数，它是随高度而变化的；α_i为第 i 种气体的热扩散系数；M_i为第 i 种气体的分子量；M 为混合空气的分子量；K 为湍流（涡动）扩散系数，随高度而变化。K 值定义为

$$K=K_7=1.2\times10^2\mathrm{m}^2/\mathrm{s}^2,\quad 当 86\leqslant z<95\mathrm{km} 时 \tag{2.9}$$

$$K=K_7\cdot\exp\left(1-\frac{400}{400-(z-95)^2}\right),\quad 当 95\leqslant z<115\mathrm{km} 时 \tag{2.10}$$

$$K=K_{16}=0.0\mathrm{m}^2/\mathrm{s}^2,\quad 当 115\leqslant z<1000\mathrm{km} 时 \tag{2.11}$$

函数 D_i定义为

$$D_i=\frac{a_i}{\sum n_i}\left(\frac{T}{273.15}\right)^{b_i} \tag{2.12}$$

式中：a_i和 b_i为与气体种类有关的常数。在 90km 以下，D_i与 K 相比小得可以忽略不计，与此相反，在 115km 以上，K 与 D_i相比小得可以忽略不计。在 90km 以下，各种气体的垂直输送速度 v_i也可忽略不计。这样，在 90km 以下，式（2.8）可简化为

$$\frac{\mathrm{d}n_i}{n_i}+\frac{\mathrm{d}T}{T}=-\frac{gM}{R^*T}\mathrm{d}z \tag{2.13}$$

考虑到式（2.4），式（2.13）可写为

$$\frac{\mathrm{d}P_i}{P_i}=-\frac{gM}{R^*T}\mathrm{d}z \tag{2.14}$$

对比式（2.14）和式（2.7）可看出，式（2.14）虽然是在 86km 以上的条件下得出的，但对 86km 以下仍适用。

若用位势高度 H 代替 z，式（2.7）有以下形式，即

$$\mathrm{dln}P=-\frac{g_0'M}{R^*T}\mathrm{d}H \tag{2.15}$$

式中：g_0'为两种位势单位间的换算因子，$g_0'=9.80665/(\mathrm{s}\cdot\mathrm{gpm})$，在本标准大气中，$H$ 与 z 的换算关系为

$$H=\frac{g_0}{g_0'}\left(\frac{r_0z}{r_0+z}\right)=\beta\left(\frac{r_0z}{r_0+z}\right) \tag{2.16}$$

$$z=\frac{r_0H}{\beta r-H} \tag{2.17}$$

式中：$\beta=\frac{g_0}{g'_0}=1\text{gpm/s}$；$r_0$为给定纬度上的地球半径。

总之，在均质点（80km）以下，静力平衡方程是适用的；在 80～120km 厚度层内，大气从完全混合状态过渡到扩散平衡状态，静力方程不再适用；在 120km 以上，大气的扩散平衡是成立的，故静力学方程仍然适用。

2. 平均分子量随高度不变

已知第 i 种气体成分的总数密度 n_i 和分子量 M_i，则混合气体平均分子量为

$$M=\frac{\sum(n_iM_i)}{\sum n_i} \tag{2.18}$$

从地面到 80km 左右，混合占优势，而扩散和光化学过程对空气分子量的影响是很小的。可以认为，这一层中的空气是由组成它的各种气体成分的均匀混合物，从而各种气体成分的相对体积 F_i 随高度保持不变，不同高度上第 i 种气体成分的总数密度等于它的相对体积 F_i 与空气总数密度 $n(Z)$ 的乘积，则式（2.18）为

$$M=\frac{\sum(F_in(z)M_i)}{\sum(F_in(z))}=\frac{\sum(F_iM_i)}{\sum F_i} \tag{2.19}$$

式（2.19）表示，尽管 n 是随高度变化的，但在完全混合的气层中，平均分子量 M 却是不随高度改变的，它恒等于海平面高度上的平均分子量 M_0。

3. 温度随高度的变化及分子温度的引进

采用位势高度作自变量的静力学方程式（2.15）的右端，含有两个随 H 变化的变量 T 和 M，给出 T 的廓线仍不便积分该式，因而把 M 和 T 结合引入一个新的概念——分子温度，其定义为

$$T_M=\frac{TM_0}{M} \tag{2.20}$$

式中：M_0 和 M 分别为海平面和某高度 z 上的空气平均分子量，将式（2.20）代入式（2.15），有

$$\mathrm{d}\ln P=-\frac{g'_0M_0}{R^*T_M}\mathrm{d}H \tag{2.21}$$

80km 以下的均匀混合层中，由于 $M=M_0$，故 $T_M=T$。所以在美国标准大气中，分子温度只在海平面到 86km 之间采用，86km 以上仍使用温度 T。

在 86km 以下，分子温度的高度廓线定义为

$$T_M=T_{Mb}+L_{Mb}(H-H_b) \tag{2.22}$$

式（2.22）表示的直线方程由 7 个相连接的直线段组成，式中，$b=0,1,2,\cdots,6$；T_{Mb}为某个层次下界的分子温度；L_{Mb}为某层中的温度垂直递减率；H_b为所讨论气层的底高。表 2.1 给出了各层分子温度-高度廓线的梯度值。

表 2.1　从海平面到 86km 高度间定义的分子温度-高度廓线的梯度值

下标 b	高度 Z_b /km	重力位势高度 H_b /kgpm	分子温度梯度 L_{Mb} /K/kgpm
0	0	0	−6.5
1	11.019	11	0.0
2	20.063	20	1.0
3	32.162	32	2.8
4	47.350	47	0.0
5	51.413	51	−2.8
6	71.802	71	−2.0
7	86	84.8520	

在 80km 以下，$T_M\equiv T$，故分子温度的高度廓线就是温度的廓线。80~86km，由于 M/M_0略有减小，故该层的 T 值低于分子温度。在 86km 以上，直接给出温度廓线分别为

$$T=186.8673\text{K},\quad 86\leqslant z<91\text{km} \tag{2.23}$$

$$T=T_c+A\left[1-\left(\frac{z-z_8}{a}\right)^2\right]^{1/2},\quad 91\leqslant z<110\text{km} \tag{2.24}$$

式中：$T_c=263.1905\text{K}$；$A=-76.3232\text{K}$；$a=-19.9429\text{km}$；$z_8=91\text{km}$。

$$T=T_9+L_{k9}(z-z_9),\quad 110\leqslant z<120\text{km} \tag{2.25}$$

式中：$L_{k9}=\dfrac{\mathrm{d}T}{\mathrm{d}z}=12.0\text{k/km}$，$z_9=110\text{km}$，$T_9=240.0\text{K}$。

$$T=T_\infty-(T_\infty-T_{10})\exp(-\lambda\zeta),\quad 120\leqslant z<1000\text{km} \tag{2.26}$$

式中：$\lambda=\dfrac{L_{k9}}{T_\infty-T_{10}}=0.01875$；$\zeta=\zeta(z)=(z-z_{10})(r_0+z_{10})/(r_0+z)$；$T_\infty=$ 1000K。

由式（2.22）至式（2.26）可计算出 0~1000km 高度间的各高度上的温度。

2.2.3　计算方法

根据上面的原理和假定，可给出计算标准大气表中各参数的具体计算公式。

1. 气压

在 86km 以下，按下式计算：

$$P=P_b\left[\frac{T_{Mb}}{T_{Mb}+L_{Mb}(H-H_b)}\right]^{\left[\frac{g_0'M_0}{R^*L_{Mb}}\right]},\quad \text{当 } L_{Mb}\neq 10 \text{ 时} \tag{2.27}$$

$$P=P_0\exp\left[\frac{-g_0'M_0(H-H_b)}{R^*T_{Mb}}\right],\quad \text{当 } L_{Mb}=0 \text{ 时} \tag{2.28}$$

在 86km 以上，气压按式（2.3）和式（2.4）确定。

2. 大气中各种气体成分的数密度和空气的总数密度

在 86km 以下，第 i 种气体的数密度为

$$n_i=F_in \tag{2.29}$$

$$n=\frac{M_0N_AP}{T_MR^*M}=\frac{N_AP}{R^*T}=\sum n_i \tag{2.30}$$

在 86km 以下，各种气体的数密度由式（2.8）确定。

3. 质量密度

空气密度的计算公式为

$$\rho=\frac{PM_0}{R^*T_M}=\frac{PM}{R^*T}=\frac{\sum(n_iM_i)}{N_A} \tag{2.31}$$

4. 压力标高

压力标高即均质大气高度，其定义为

$$H_P=\frac{R^*T}{gM} \tag{2.32}$$

在 80km 以下，H_P的计算公式为

$$H_P = \frac{R^* T \sum n_i}{g \sum (n_i M_i)} \tag{2.33}$$

或

$$H_P = \frac{R^* T_M}{g M_0} \tag{2.34}$$

5. 声速

声速的计算公式为

$$a = \left(\frac{K R^* T_M}{M_0} \right)^{1/2} \tag{2.35}$$

式中：$K=1.4$，为绝热指数。由于随着气压的降低，声波逐渐以海平面高度上的高频段向较低的频段衰减，故在高空中声速便失去了意义，所以在美国标准大气表中，声速只列到86km，其随高度的变化曲线如图2.1所示。

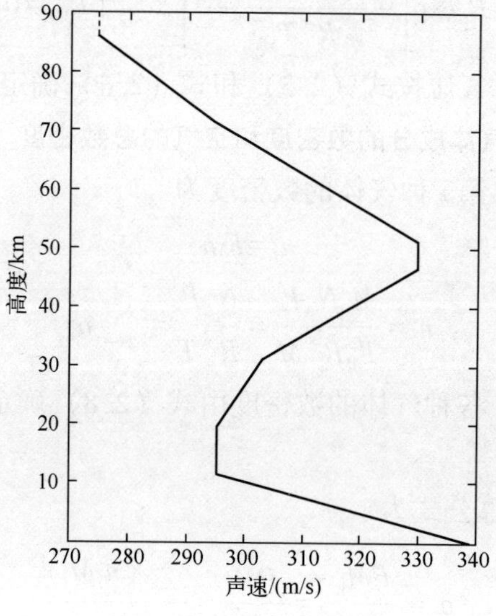

图2.1　声速随高度的变化

2.2.4　标准大气表

给定了海平面上的g_0、P_0和T_0值（表2.2），利用上面介绍的计算公式可制成标准大气表。表 2.2 除了 g_0、P_0和 T_0值为规定的外，其他值都是计算出来的。

表 2.2　标准大气的海平面值

参　数	海 平 面 值
声速 a_0	3.40294×10^2 m/s
压力标高 H_{P0}	8.4345×10^3 m
湍流扩散系数 K_{i0}	2.5326×10^{-3} J/（s·m）
混合气体平均分子量 M_0	2.89644×10^1 kg/kmol
空气总数密度 n_0	2.5470×10^{25}/m³
气压 P_0	1.01325×10^5 N/m²
气温 T_0	2.8815×10^2 K
重力加速度 g_0	9.80665m/s²

2.2.5　实际大气与标准大气的偏差

标准大气把空气看作各种气体成分的均匀混合物，在给定温度-高度廓线及边界层条件下，通过对大气静力方程和气体状态方程的积分获得压力、密度等数据，它代表的是中纬度地区理想化的、静态的平均大气结构。故不同纬度、不同季节的实测大气与标准大气之间存在偏差，且这个偏差应与纬度和季节有关。陆龙骅曾利用我国分布较均匀的 60 个测站在 10 年间（1960—1969 年）的探空资料，将我国 30km 以下的实测大气与标准大气作过比较，发现实测大气与标准大气的偏差是受纬度和季节影响的。其差异主要体现在以下几个方面。

1. 初值的影响

设初值为 $g_0=9.8065\text{m/s}^2$，$T=15$℃，$P=1013.25$hPa。在我国年平均温度 15℃出现在 30°N~35°N，而 1013.25hPa 的年平均海平面气压出现在 20°N~25°N，两者的位置都较全球平均位置（45°N）偏南，故由此初值算得的标准大气与我国 45°N 处的实测大气之间一定存在偏差。

2. 纬度的影响

标准大气代表了全球的中纬度平均状况，故不同纬度的实测大气与其肯定存在偏差。图 2.2 给出了不同纬度处实测大气与标准大气的偏差，图中表明，随着纬度远离 45°N，偏差加大，即使我国 45°N 处的低层实测大气与标准大气也存在偏差。由图可见，实测海平面温度比标准大气的海平面温度低 10℃，但由于近地面层的温度递减率较小（850hPa 以下为 0.27℃/100m，700~850hPa 为 0.48℃/100m，标准大气为 0.65℃/100m），故随着高度的增加，实测温度与标准大气的偏差很快减小，在 3km 以上，两者的温度递减率就相当一致，因此我国 45°N 附近 30km 以下（不包含近地面的 2~3km）的年平均温度状况与标准大气十分接近，各高度温度偏差大多在±2℃以内，相应地，气压和密度的百分比偏差大多不超过±1%，这就是说，美国标准大气基本上能代表我国 30km 以下中纬度的大气结构，这也是我国标准大气在 30km 以下选取美国标准大气的原因之一。

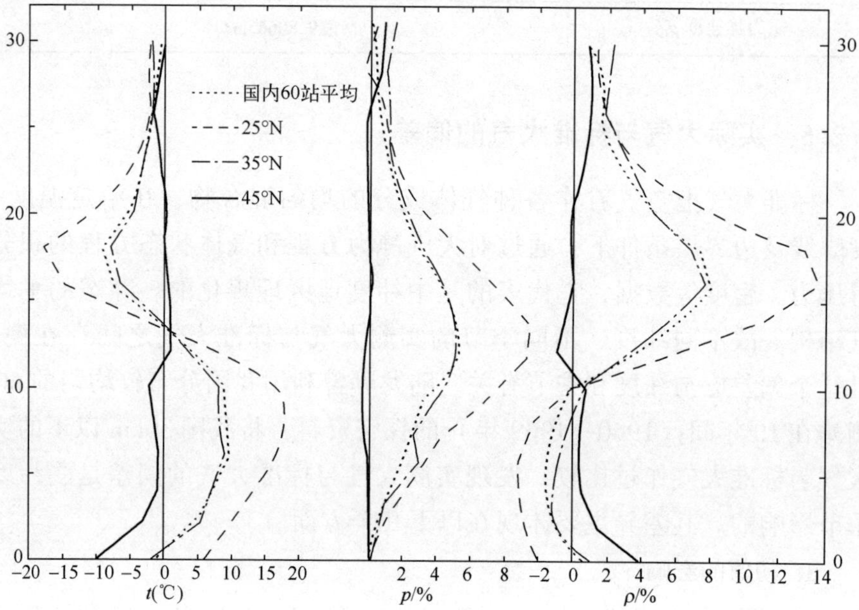

图 2.2　我国不同纬度处的实测大气与标准大气的偏差

但随着纬度的降低，实测大气与标准大气的偏差加大，在 25°N 附近，平均温度偏差最大可达±18℃，气压和密度的偏差为 9%和 14%。故标准大气与不同纬度的实测大气有不同的偏差。

3. 季节变化的影响

标准大气给出的是全年平均状况，而实际大气却有季节变化。在我国对流层中上部以下，通常是夏季温度高于冬季，故与标准大气的正偏差出现在夏季，最大负偏差在冬季，如北京的最大正偏差出现在 7 月 8km 左右，数值为 16.9℃；而负偏差在 12 月近地面处，数值为-19.8℃ 左右。在对流层中上部以上，温度的季节变化较小，在 14~22km，冬季温度高于夏季，故最大偏差为-7.6℃出现在 8 月；在 22~30km，夏季温度高于冬季，故最大差偏出现在 7 月，达 5.5℃。压力和密度的偏差较简单，在我国近地面层以上，气压均是夏季高于冬季，最大偏差出现在对流层顶，为 10%。10km 以下密度是冬季大于夏季，此高度以上相反，最大偏差出现在对流层顶附近，为 12%。

2.3　参考大气

1982 年，国际标准化组织发布了《航空与航天用参考大气》（ISO 5878—1982）等系列标准，给出了大气平均状况随纬度和季节的变化情况。

2.3.1　基本假定

参考大气反映了全球范围内不同纬度和不同季节条件下大气的平均状况，在给出高度 80km 以下大气特性参数随纬度和季节的变化时，使用了表 2.3 所列的参考大气模式族。表 2.4 所列为用以计算参考大气的主要参数值。

表 2.3　参考大气模式族

名称	纬度	时间
热带	15℃	1—12 月
副热带	30°N	6—7 月，12 月至次年 1 月
中纬度	45°N	6—7 月，12 月至次年 1 月
副极带	60°N	6—7 月，12 月至次年 1 月 冷、暖平流层和中间层在 12 月至次年 1 月的季节变化特征
极带	80°N	与副极带相同

表 2.4　用以计算参考大气的主要参数值

参数符号	g_n	M	N_A	R^*	R
数值	9.80665	28.964420	602.257×10^{24}	8314.32	287.05287
计量单位	m/s	kg/kmol	$kmol^{-1}$	J/(K·kmol)或 $kg\cdot m^2/(s^2\cdot K\cdot kmol)$	J/(k·kg)或 $m^2/(K\cdot s^2)$

在参考大气模式族的研究中，考虑了以下基本假定。

(1) 除了纬度为15°的模式外，其他参考大气只用在北半球。不过，这些参考大气与南半球中纬度地带的情景很相近。

(2) 模式是以温度高度廓线表示的。其中温度的垂直梯度在各层内相对于位势高度是常数。

(3) 空气是理想气体。

(4) 在80km以下，干燥空气的克分子量是一个常数，即 $M=28.964420$ kg/kmol，干燥空气的特殊气体常数 $R=287.05287$ J/(K·kg)。

(5) 热带的信风逆温、极带和副极带冬季地面逆温的某些特性也包括在该模式中。

2.3.2 基本原理

参考大气综合了全球大气温度及其随高度变化的探测结果，给出了不同纬度和季节海平面的温度和压力（表2.5），以及温度-高度廓线。在此基础上，根据大气静力学方程和理想气体状态方程给出了大气压力、密度和位势高度随几何高度的变化。

表 2.5　不同纬度和季节模式下的 $g_{0\varphi}$、r_φ 以及海平面上的 T、P 值

纬度 φ	自由落体加速度 $g_{0\varphi}/(m/s^2)$	地球半径标定值 r_φ/km	温度 T/K		压力 P/hPa	
			12月至次年1月	6—7月	12月至次年1月	6—7月
15°N	9.78381	6337.84	299.650	299.650	1013.25	1013.25
30°N	9.79324	6345.65	283.150	297.150	1020.50	1014.00
45°N	9.80665	6356.77	272.650	291.150	1018.00	1013.50
60°N	9.81911	6367.10	256.150	282.150	1013.00	1010.20
80°N	9.83051	6376.56	248.950	276.650	1013.80	1012.00

相对于地球静止的大气受到重力的作用。大气平衡的条件由大气静力学方程决定，即

$$-\mathrm{d}P=\rho g\mathrm{d}z \tag{2.36}$$

式中：z为几何高度。对于理想气体，在80km高度以下，$R^*/M=$常数$=R$，因而，理想气体定律可写为

$$P=\rho RT \tag{2.37}$$

为了给出位势高度随几何高度变化的关系，引入重力势φ。重力势φ给出了一个空气质点在给定点的势能。具有坐标为x、y、z的任一点的特性，由其重力势$\varphi(x,y,z)$的值确定。当表面上的任意一点沿外法线移动一个无限小的距离到第二个表面时，则一个单位质量从第一个表面移到第二个表面所做的功为

$$-\mathrm{d}\psi=g(h)\mathrm{d}h \tag{2.38}$$

因而：

$$\psi=\int_0^h g(h)\mathrm{d}h \tag{2.39}$$

位势高度为

$$H=\frac{\psi}{g_n}=\frac{1}{g_n}\cdot\int_0^h g(h)\mathrm{d}h \tag{2.40}$$

式中：g_n为自由落体标准加速度。

由式（2.40）可以看到，为建立位势高度与几何高度的关系，必须首先找出自由落体标准加速度g与几何高度h的关系。由牛顿万有引力定律得到

$$h=\frac{r_\varphi\cdot Z}{\dfrac{g_{0\varphi}}{g_n}\cdot r_\varphi-Z} \tag{2.41}$$

式中：$g_{0\varphi}$为纬度φ海平面上的自由落体加速度，其值由下式确定，即

$$g_{0\varphi}=9.80616(1-0.0026373\cos(2\varphi)+0.0000059\cos^2(2\varphi)) \tag{2.42}$$

r_φ为某个给定的纬度上地球半径的标定值（表2.5），其值由下式确定，即

$$r_\varphi=g_{0\varphi}\cdot\frac{2}{3.085462\times10^{-6}+2.27\times10^{-9}\cos(2\varphi)} \tag{2.43}$$

r_φ的意义可作以下解释：重力作为万有引力和地球旋转引起的离心力

之矢量和，具有一定的势，称为重力势。这个势可用一个非旋转的均匀球的势所代替，在此球表面上的万有引力在数值和方向上，都等于在地球表面上的万有引力。

把式（2.41）代入式（2.40）积分，得

$$H=\frac{r_\varphi h}{r_\varphi+h}\cdot\frac{g_{0\varphi}}{g_n} \tag{2.44}$$

或

$$h=\frac{r_\varphi\cdot H}{\dfrac{g_{0\varphi}}{g_n}\cdot r_\varphi-H} \tag{2.45}$$

2.3.3 80km 以下的参考大气模式

参考大气都以不同纬度和季节的垂直温度剖面来表示。大气压力和密度分布是根据温度-高度廓线图利用式（2.36）和式（2.37）以及适当的海平面压力值计算的。

1. 纬度为 15°的全年模式

根据分布在热带（8°S 到 21°N）大陆和海洋的若干个观测点的观测资料，给出热带大气典型的热结构特征（图 2.3）。图 2.3 表明，从 16km 到 18km 有大约 2km 的同温层；在 2~3km 之间有一个信风逆温。前者在每日的观测结果上，表现为一个强烈的逆温，其高度一般维持在 16.5km 处，这也是对流层顶在 15℃的年平均高度；信风逆温在热带海洋上表现得最为明显。

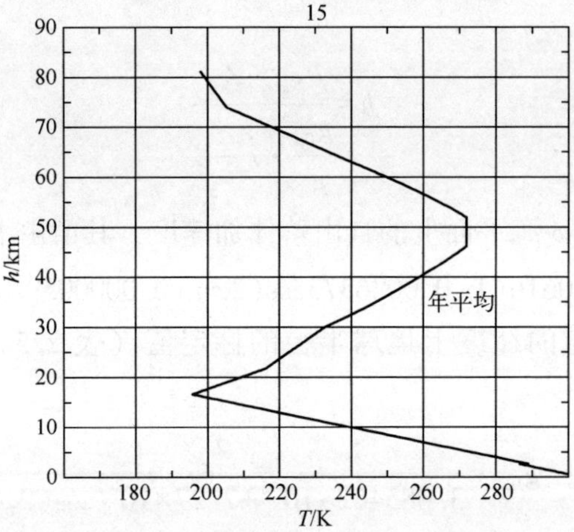

图 2.3　15℃的温度-高度廓线

2. 30°N、45°N、60°N、75°N 的季节模式

图 2.4 给出了 30°N、45°N、60°N、75°N 在 12 月至次年 1 月、6—7 月的大气平均温度–高度廓线。在 30km 以下，这些数据是由无线电探空仪观测得到；在 30~50km 之间，是由火箭探测得到；在 50km 以上，则是通过测风榴弹、落球法和压力计的试验得到。

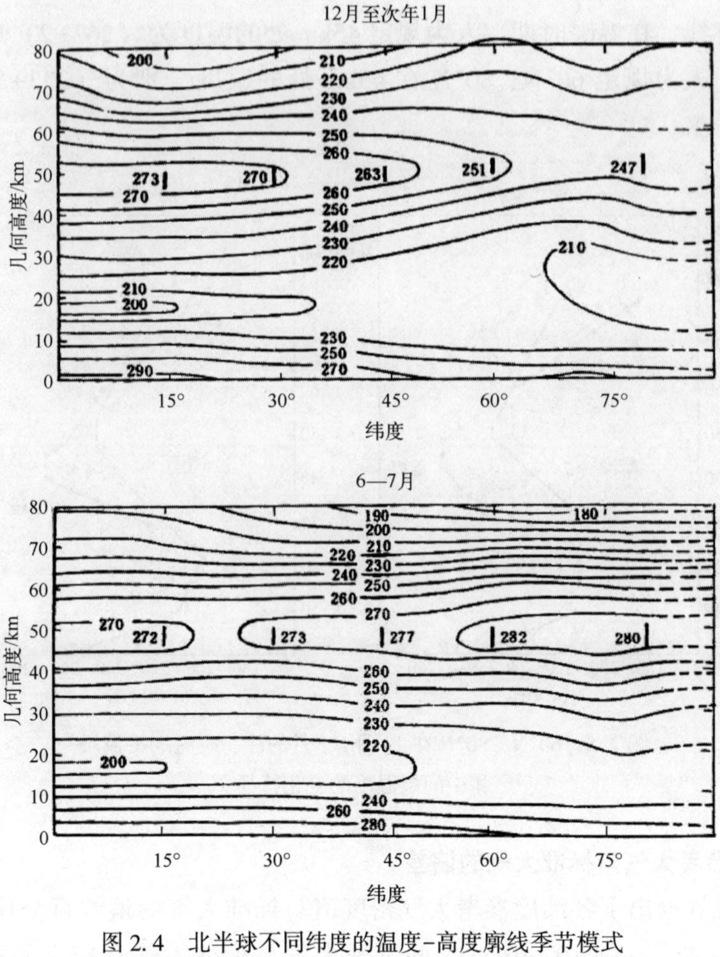

图 2.4　北半球不同纬度的温度–高度廓线季节模式

3. 60°N、80°N 在 12 月至次年 1 月的冷、暖时期平流层和中间层温度的变化特征

在极带和副极带地区，冬季平流层和中间层突然变暖或变冷，使大气的垂直结构发生很大的变化。在主要的温暖和寒冷时期，最高温度及其高度的变化都很大，温度变化比季节平均值要低得多或高得多。因此，冬季月平均或季平均的大气模式，对于确定极带和副极带地区的温度的作用是有限的，因为平流层温度的日变化都和冬季变化或纬度变化一样大，或者甚至更大些。为此，必须确定温暖时期和寒冷时期温度的变化特征。

图 2.5 给出了 12 月和 1 月在 60°N、80°N 平流层和中间层冷暖时期垂直温度廓线。在温暖时期，人为规定 45km 处的温度为（267±2）K；在寒冷时期，人为规定 60°N、80°N 在 45km 处的温度分别为（223±2）K 和（232±2）K。

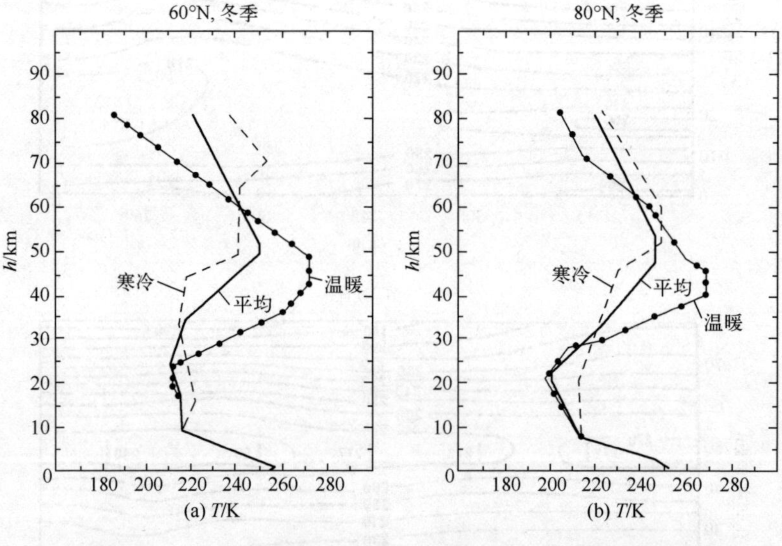

图 2.5　60°N、80°N 在 12 月、1 月的冷、暖时期平流层和中间层温度的变化特征

4. 参考大气与标准大气的偏差

图 2.6 给出了各纬度参考大气密度值与标准大气的偏差百分比。可以看到，6—7 月，在 10~80km 之间参考大气与标准大气有较大的正偏差；在 8km 高度附近，各纬度、各季参考大气与标准大气的偏差都在零值附近；在 65~76km 附近，偏差值的纬度变化最大，纬度越高，偏差值越大。

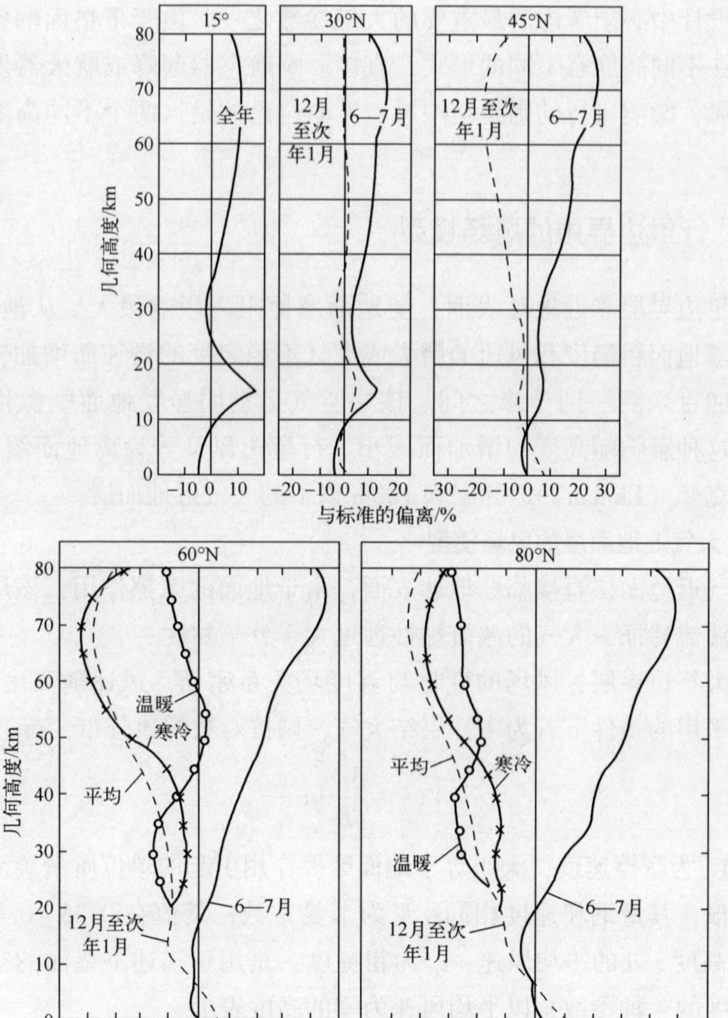

图 2.6　参考大气密度与标准大气的偏差百分比

2.4　大气风场模型

标准大气描述了人为规定的地球大气的静态物理特性，是一种平均的理想大气状态。实际上大气处在不停的运动之中。航空器、航天器受到的主要扰动是来自风产生的气动载荷。风是航空器、航天器结构、导引和控制系统设计中必须考虑的最重要的大气参数之一。由于下垫面的影响，风场模型在不同高度有不同的形式，直接影响航空器起降或航天器发射的是近地面风，影响飞行的则是空中风，下面讨论的是这两个不同高度的风场模型。

2.4.1 行星边界中的风场模型

行星边界层靠近地球表面，受地面摩擦阻力影响最大。从地面向上，其厚度随地面粗糙度和风速的增大或大气不稳定度的增加而增加，变化范围在三四百米到一两千米之间。该层空气运动明显受地面摩擦作用的影响，但这种影响随高度的增加而减小。行星边界又分为离地面约 100m 以上的埃克曼（Ekman）边界层和 100m 以下的大气近地面层。

1. 大气近地面层的风场模型

大气近地面层直接临贴地球表面，由于地面的摩擦作用，该层大气有明显的湍流特征，大气的湍流黏性远远大于分子黏性。

在大气边界层，风场的变化与温度场关系密切。风速随高度而变化，在地形平坦的条件下若为中性层结大气，则按对数规律分布，有

$$\overline{V}(z)=\frac{V^{*}}{K}\ln\frac{z}{z_0} \tag{2.46}$$

式中：V^{*} 为摩擦速度，大小等于地面摩擦作用引起的单位质量湍流切应力的平方根，其量纲和速度相同；K 为卡曼常数，其值在 0.35~0.40 之间；$\overline{V}(z)$ 为高度 z 处的平均风速；z_0 为粗糙度，是用于描述下垫面的空气动力学粗糙度的一种参数，以平均风速为零的高度表示。

在层结稳定时，风速随高度增大比对数规律快；在层结不稳定时，风速随高度增大比对数规律慢。

2. 埃克曼边界层的风场模型

在建立地面边界层风切变模型时，未考虑风向随高度的变化。一般情况下，在几百米以下高度，这样的风场模型可以给出很符合实际的结果，但超过一定高度后，风向变化可达 30°~40°，这时就应该考虑风向的变化。

在贴地面层到自由大气这一层，风场的一个基本特征是风向低压穿越等压线。随着高度的增加，风逐渐变得同等压线平行。Ekman 最早研究了风向随高度的变化，Ekman 只限于求解中性大气条件下的定常运动，并认

为平均风速在垂直方向上的变化要比在水平方向上的变化大得多，而且假定地面边界层内空气黏性系数、密度及科里奥利参数皆为常数，在这些前提下，x、y 方向运动方程可写为

$$-fv=-\frac{1}{\rho}\frac{\partial p}{\partial x}+k\frac{\partial^2 u}{\partial z^2} \tag{2.47a}$$

$$fu=-\frac{1}{\rho}\frac{\partial p}{\partial y}+k\frac{\partial^2 v}{\partial z^2} \tag{2.47b}$$

在自由大气中，大气运动是满足地转风关系的，上边界条件可取作离地足够高处，风速变为地转风，即当 $z\to\infty$ 时，$u\to u_g$、$v\to v_g$；同时，在地表上假定风速为零，即当 $z\to 0$ 时，$u\to 0$、$v\to 0$。方程式（2.47），在上述两个边界条件下可得到解为

$$u=u_{\mathrm{g}}\left[1-\mathrm{e}^{-2/h_{\mathrm{E}}}\cos\left(\frac{z}{h_{\mathrm{E}}}\right)\right]-v_{\mathrm{g}}\rho^{-2/h_{\mathrm{E}}}\sin\left(\frac{z}{h_{\mathrm{E}}}\right) \tag{2.48}$$

$$v=v_{\mathrm{g}}\left[1-\mathrm{e}^{-2/h_{\mathrm{E}}}\cos\left(\frac{z}{h_{\mathrm{E}}}\right)\right]-u_{\mathrm{g}}\rho^{-2/h_{\mathrm{E}}}\sin\left(\frac{z}{h_{\mathrm{E}}}\right) \tag{2.49}$$

式中：$h_{\mathrm{E}}=\left(\frac{2K}{f}\right)^{1/2}$；$K$ 为 H 方向的涡黏性系数；f 为科里奥利参数；u_{g}、v_{g} 为地转风。

为了直观，可将 u 和 v 分别取为水平坐标和铅垂坐标，把 u 和 v 画在图上，构成速矢端线（图 2.7），又称为高空风分析图，$v/u=\tan\theta$ 是风速和等压线夹角的正切，在地面上 $z=0$ 处，风向和等压线的交角为 45°，从地面向上风速逐渐增加，风速矢量与等压线所成夹角却随高度增加而减

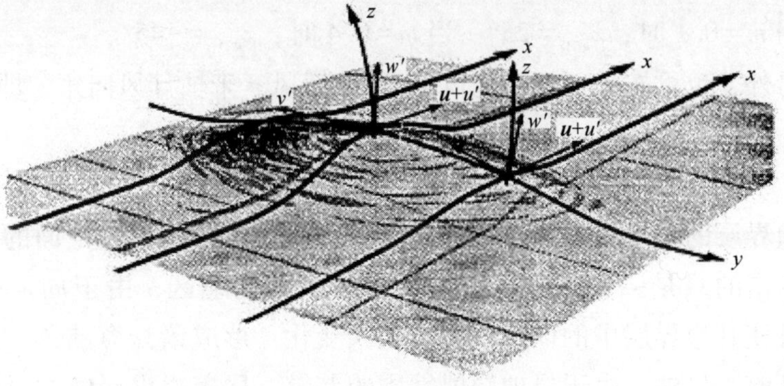

图 2.7　高空风分析图

小，当 $H=\pi h_E$ 时，$v=0$，此时风与等压线平行，但风速比地转风 $\boldsymbol{v}_g$ 稍大，这样在北半球边界层内，风是顺时针方向旋转的，这就是 Ekman 螺旋线风速分布。H 是 Ekman 层的厚度，h_E 一般称为 Ekman 边界层厚度尺度。

Ekman 螺旋线方程是在一定的简化前提下求出的，实际大气边界层内的风速分布不一定完全与 Ekman 螺旋线相同。多数观测结果表明，在风开始平行等压线的高度，$h_E=H$ 为 1000m 左右，若取 $f=10^{-4}/s$，则相当于 $K=5\times10^4 cm^2/s$

Prandtl（普朗特）从指数规律导出紊流有摩擦时的边界层流动，风的分量形式为

$$u=v_g\left(\frac{H}{H_G}\right)^m \tag{2.50}$$

$$v=u_g\left(1-\frac{H}{H_G}\right)\tan x_{w,G} \tag{2.51}$$

由此可得相对地转风的夹角为

$$\tan x_w=\frac{v}{u}=\left(1-\frac{H}{H_G}\right)\tan x_{w,G} \tag{2.52}$$

为了求 x_w，除了应确定地转风 $\boldsymbol{v}_g$ 和边界层厚度 H_G 外，还应确定地转风与地面风之间的夹角 $x_{w,G}$（图 2.8）。由于众多因素影响，至今尚不能准确定出 $x_{w,G}$，其主要影响因素是不同涡度、气象参数的大时间范围内的变化以及地面粗糙度的不均匀性。作为近似估计，Pandtl 按指数规律中的指数 m 给出，有

$$\tan x_{w,G}=[m(m+2)]^{1/2} \tag{2.53}$$

当 $m=0.1$ 时，$x_{w,G}=25°$；当 $m=0.4$ 时，$x_{w,G}=-45°$

另外，也可按地面切向速度 u_{w0} 和地转风 v_g 来估计风向角，即

$$\sin x_{w,G}=10.7\frac{u_{w0}}{v_g} \tag{2.54}$$

边界层的实际风是因时、因地而异的，并非严格遵守上面的模型，其模型给出的只是一种理想的平均状态。在不同地区，由于局地因素的影响，可使其边界层中的风随时间有很大变化，形成诸如海陆风、山谷风等局地环流。另外，由于局地辐射性质的差异，昼夜边界层中的风也可发生很大的变化。

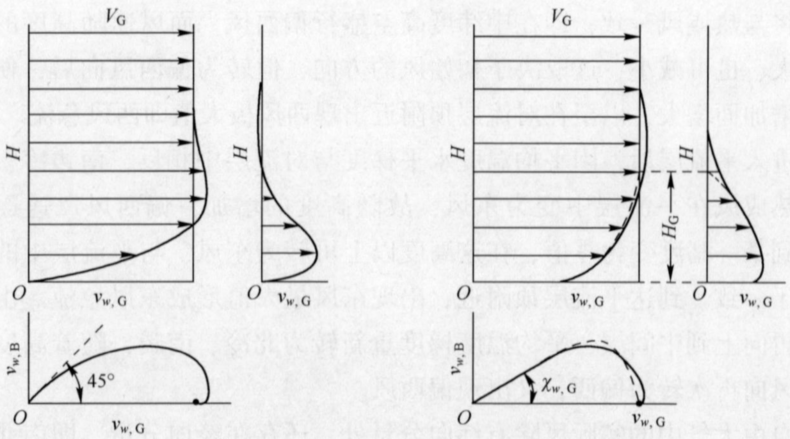

图 2.8　地转风与地面风之间的夹角

2.4.2　自由大气中的风场模型

除赤道附近（南北纬 15°之间）的地区外，自由大气的水平运动可看成是准地转的，因此自由大气中风随高度的分布，可近似地看成是地转风随高度的分布，地转风的表达式为

$$\boldsymbol{v}=-\frac{1}{\rho f}\nabla P\times\boldsymbol{k} \tag{2.55}$$

地转风随高度的变化为

$$\boldsymbol{v}_t=\boldsymbol{v}_2-\boldsymbol{v}_1=-\frac{g(Z_2-Z_1)}{fT_m}\nabla_2 T_m\times\boldsymbol{k} \tag{2.56}$$

式（2.56）为热成风通用的公式。可以看出，热成风与两个高度间的平均温度梯度有关，其方向与等平均温度线平行，式（2.56）也可近似地用两个等压面之间的位势厚度表示，即

$$\boldsymbol{v}_7=-\frac{g}{f}\nabla_2(H_2-H_1)\times\boldsymbol{k} \tag{2.57}$$

式中：H_2和H_1为P_2和P_1两等压面的位势高度。由热成风的表达式可看出，自由大气中风随高度而变化的主要原因是存在温度水平梯度。随着高度的增加，风向最终总是趋向于热成风方向，即平行于平均等温度线。

在北半球的对流层中，中纬度地区平均来说是北冷南暖，所以热成风的方向自西向东。因此，不论边界层中的风向如何，随着高度的增加，风向终将与热成风一致，即在中纬度高空盛行偏西风。而风速随高度的增加可增大、也可减小，这取决于初始风的方向，但转为偏西风向后，便随高度的增加而增大，以至在对流层顶附近出现西风极大值即西风急流。

进入平流层后，因平均温度水平梯度与对流层中相反，南边冷，北边暖，热成风在平流层中变为东风，故随高度的增加，偏西风风速逐渐减小，到某一高度变为零值，在这高度以上可转为东风，与平流层中的热成风趋于一致。到达平流层顶附近，出现东风最大值形成东风急流。由平流层顶再向上到中间层，平均温度梯度重新转为北冷、南暖，随着高度的增加，风向再次转为偏西，又出现偏西风。

自由大气中的实际风除有纬向分量外，还存在经向分量，即南北风分量。经向风的分布除与纬度、高度和季节有关外，还与海陆分布地形等因素有关。通常经向风较小，图 2.9 所示为美国科罗拉州弗莱明（Fleming colorado）的 5 年平均的平均风廓线，该图表明了典型的中纬度平均风，偏西风占优势；而南北风很小，在各高度上几乎为零；最大西风在对流层顶。

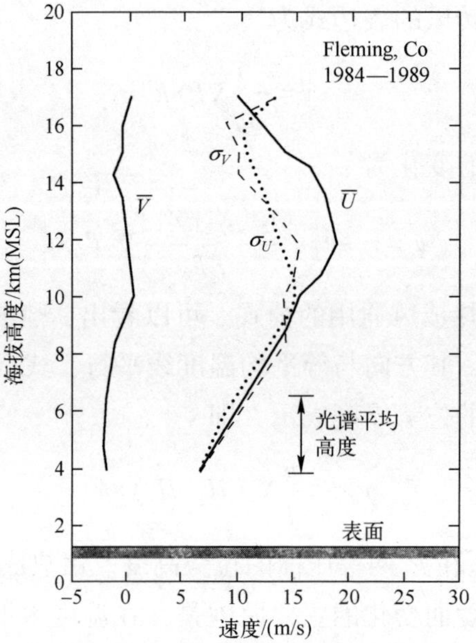

图 2.9　美国科罗拉州弗莱明的 5 年平均的平均风廓线

（1984 年 1 月 17 日到 1989 年 4 月 14 日）

自由大气的风不仅随高度按热成风厚度变化，且随时间还有季节性的变化。平均风带随季节而南北移动，造成了某一地区的平均风也随季节而改变。

2.4.3　高层大气的风场

高层大气中风速可达到很大的数值，有时超过 100m/s。图 2.10 给出了 30°N 和 60°N 冬季和夏季风随高度的变化。在中层 45～60km 高度间隔内，有一最大风速带，而风向在冬、夏却不同。

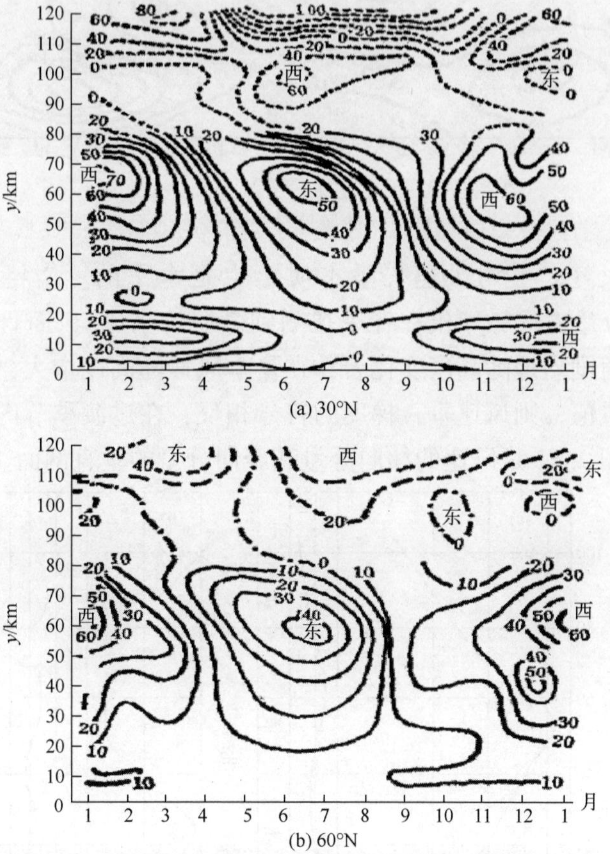

图 2.10　30°N 和 60°N 冬季和夏季风随高度的变化

图 2.11 是纬向风速分量的经圈剖面，可见在中层，夏天盛行偏东风，冬天盛行偏西风，且冬天的西风分量可大于夏季的东风分量。

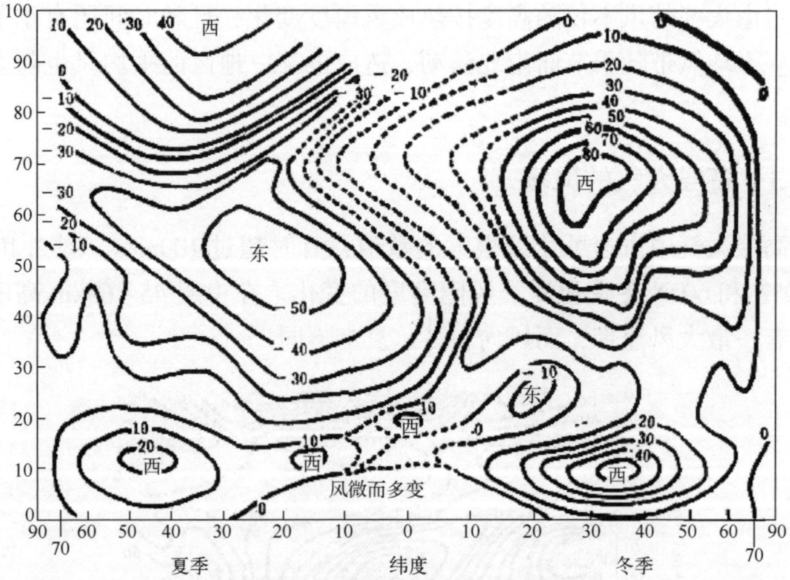

图 2.11　纬向风速分量的经圈剖面

在高层大气，平均风速矢量本质上也是水平的。全年内，在 80～100km 西风分量占优势（仅在春季观测到微弱的东风），而且冬季和夏季的风速分量值剧烈地随高度变化着，在夏季风速随高度增大，在冬季具有大约相同的量值，则风速垂直梯度的符号相反，在过渡季节内风速几乎与高度无关，图 2.12 是风速的纬向分量和经向分量的垂直剖面。

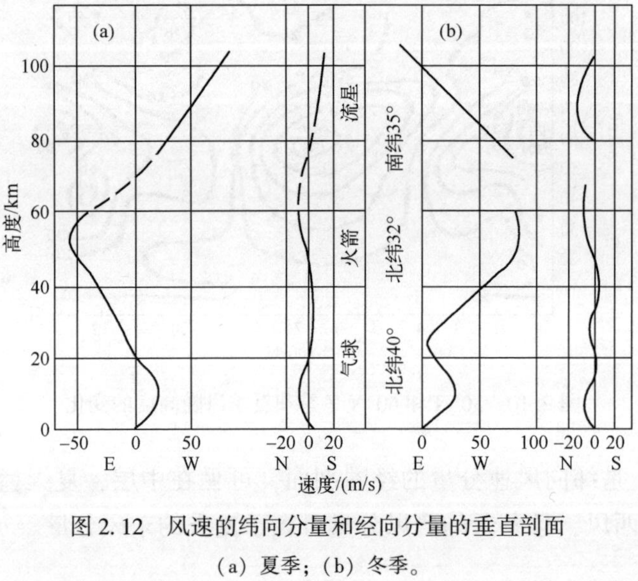

图 2.12　风速的纬向分量和经向分量的垂直剖面

（a）夏季；（b）冬季。

从上面讨论也已看出，高层大气的风不仅随高度而变化，也随季节而变化，且有着显著的年变化。在 30°N 的 32~44km 层内的平均风速在一年内有两个大致相等的最大值，分别发生在夏至和冬至，大致在春分和秋分时观测到最小的风速。在 50°N 的 34~44km 层内得到的结果稍有不同，主要最大值发生在冬至期间，但最小值却比 30°N 要小得多。

在较低处（25~30km），风速的年变化表现得不太清楚。30°N 的 30km 高空，风速年变化的最大值主要发生在夏季；而 50°N 同样高度上，主要最大值在冬季。在 20km 以下，风速年变化的特征发生了根本性的改变，年变化的曲线是冬天最大，夏天最小的简单波形，它说明 20km 处存在一过渡层，它使对流层和平流层下层的环流系数与平流层上层和中层的环流系数不同，这是由于在中层下半部的热状态和动力学受臭氧层上界面（45~50km）处的热流入量控制，而这种热流入量是由于臭氧吸收太阳紫外辐射引起的。从图 2.12 也可看出东西风分量的年变化，西风分量的最大值发生在夏季，但在 75~84km 内，冬季也有第二个最大值且数值较大，风速经向分量的年变化表现得极弱，其大小在 0~20m/s 范围内振动，夏季南风分量占优势，冬季北风分量占优势。最后图 2.13 给出了高层大气大气环流的示意图，在平流层内和中层下部东风占优势，在 60~80km 高度之间，有很强的乱流混合，在更高的高空西风占优势。

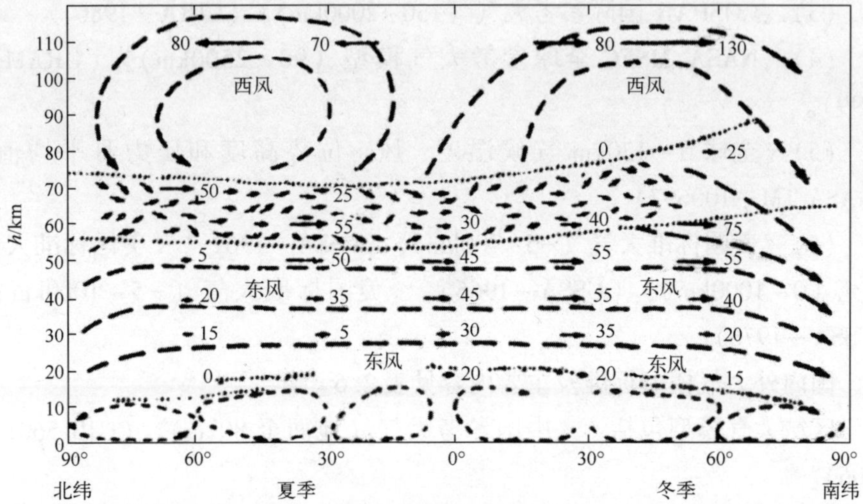

图 2.13　高层大气大气环流的示意图

2.5 大气模型分类及应用

大气模型（也称为大气模式）是有关大气的参数值，通过对大量参测数据进行统计和理论分析而建立，标准大气和参考大气都是特定的大气模型。大气模型提供了温度、气压、密度和风等大气环境的各种数据或公式、表格和程序，是飞机、导弹、航天器和运载火箭研制中计算的重要依据。各种航空航天系统的设计和任务计划都需要使用大气模型及其标准与参考大气，如航天器的轨道设计、姿态控制、轨道控制、轨道预报、飞行计划等工作均需要使用大气模型标准。国内外制定了许多标准来描述大气模型。大气模型按覆盖区域可分为全球大气模型、区域大气模型，按高度可分为低层大气模型、中高层大气模型、热层大气模型。

全球大气模型主要包括以下几个。

(1)《标准大气》(ISO 2533：1975)，《北半球标准大气（-2~80km）》(GJB 365.1—1987)，《高度压力换算表》(GJB 365.2—1987)。

(2)《航空航天用参考大气》(ISO 5878：1982)，《航空与航天用参考大气（0~80km）》(GJB 366.1—1987)，《大气风场（0~25km）》(GJB 366.2—1987)，《大气湿度（0~25km）》(GJB 366.3—1987)。

(3)《COSPAR 国际参考大气（130~2000km）》(CIRA—1986)。

(4)《NASA/MSFC 全球参考大气模型（90~2500km）》(GRAM—1999)。

(5)《全球 0~120km 气候温度、风、位势高度和压力月平均值》(NASA TM—100697)。

(6)《美国标准大气（-5~700km）》(USSA—1962)，《美国标准大气补充（0~1000km）》(USSA—1966)，《美国标准大气（-5~1000km）》(USSA—1976)。

国内外大气模型标准及主要内容见表 2.6。

区域大气模型包括：《中国参考大气（地面至 80km）》(GJB 5601—2006)。

低层大气模型包括：《标准大气手册》(ICAO 7488)。

中高层大气模型包括：《AFGL 大气成分剖面（0~120km）（1986）》

(AFGL-TR-86-010),《AFGL至80km的气候因素极限包络(1973)》(AFGL-TR-74-0052),《18~80km全球参考大气(1985)》(AFGL-TR-85-0129),《0~130km大气层结构模型(1987)》(AFGL-87-02267)。

表2.6　国内外大气模型标准及其主要内容

模型	地理区域	高度范围/km	参数	大气成分种类	要素变化	数据形式
ISO 2533:1975	45°N	-2~80	温度、压力、密度、大气成分、声速、粒子碰撞频率、分子平均自由程、黏性系数、相对密度、均质大气高度、热传导系数	—	—	表
GJB 365	45°N	-2~80	温度、压力、密度、大气成分、声速、粒子碰撞频率、分子平均自由程、黏性系数、相对密度、均质大气高度、热传导系数	—	—	表
ISO 5878:1982	年模型:15° N;季节模型:30° N、45° N、60° N、80°N;冷/暖、中高层大气:60°N、80°N	0~80	温度、压力、密度、风	水蒸气	季节、日	表、图
GJB 366	年模型:15° N;季节模型:30° N、45°N、60° N、80°N;冷/暖、中高层大气:60°N、80°N	0~80	温度、压力、密度、风	水蒸气	季节、日	表、图
CIRA-1986	全球	130~2000(第1部分)	温度、压力、密度、大气成分	水蒸气	季节、太阳活动、地磁活动	表、图、计算机程序
GRAM-1999	全球	0~2500	温度、压力、密度、剪切风、大气成分	H_2O、N_2O、CH_4、N_2、O、He、O_3、CO、CO_2、O_2、Ar、H	随机摄动、月	计算机程序

续表

模型	地理区域	高度范围/km	参数	大气成分种类	要素变化	数据形式
NASA TM-100697—1988	全球	0~120	温度、压力、带风	—	月	表、图
USSA-1976	中纬度（45°）	-5~1000	温度、压力、密度、大气成分、粒子速度、粒子碰撞频率、分子平均自由程、平均分子量、黏性系数、热传导系数、声速	O_2、N_2、O、He、H 等	季节、日、太阳周期	表、图

热层大气模型包括：

（1）《热层和外大气层经验温度剖面静态模型（90~2500km）（1970）》（Jacchia J70），《热层和外大气层经验温度剖面静态模型（90~2500km）（1971）》（Jacchia J71），《热层温度、密度和成分：新模型（90~2500km）（1977）》（Jacchia J77）。

（2）《热层模型（85~2000km）（2000）》（NRLMSISE-2000），《热层模型（1986）》（MSIS-1986）。

（3）《马歇尔工程热层模型（90~2500km）（2002）》（MET-2002），《马歇尔工程热层模型（90~2500km）（1988）》（MET—1988），《地球大气模型（90~2500km）（等效采用 MET-1988）》（GJB 544A—2000）。

国内外对大气的研究已经有了很多成果。不同产品在不同高度飞行，使用的大气模型不同：航空器使用 30km 以下的大气模型；航天器主要使用 80km 以上的大气模型；航天器、运载火箭、导弹使用 0~2500km 的大气模型。20 世纪 60 年代开始，一些国际组织和国家制定并发布了标准大气和参考大气模型（以下简称大气模型）。到目前为止，国际上航天领域常选用的大气模型已达 30 多个。各种各样的大气模型不断地发布和更新，这些大气模型各有特点，适用的区域和参数有所不同。在航天发射过程中，运载火箭和航天器往往跨越几个大气区域，需要选择不同的大气模型。同时，使用者需要选择适合具体任务的某种（些）大气模型，在型号设计中区别对待任务的不同阶段，选择相应的大气标准，这种选择可能不仅涉及一个大气模型标准。比如航天器，在发射段需要选择当地的大气标准，进入飞行段需要使用区域大气环境标准，入轨后需要使用全球大气环境标准，返回时又需要使用当地的大气环境标准。

在航天工程设计和应用中，研制人员通常只熟悉其中个别大气模型，很难全面掌握几十个大气模型。因此，2008 年中国航天标准化研究所组织制定了《标准大气与参考大气模型应用指南》行业标准，包括国内外多个大气模型标准，其主要内容见表 1。该指南是在参考《参考与标准大气模型指南》（AIAA G-003B-2004）的基础上，结合国内大气模型现状制定的，给出了用于航天的国内外主要大气模型的参考信息，大气模型的高度范围从地面到 2500km，适用于运载火箭、航天器的设计和应用，其他飞行器也可参照使用。指南中包括 7 章内容：①范围；②规范性引用文件；③术语和定义；④缩略语；⑤大气模型分类；⑥国内外大气标准主要内容汇总表；⑦大气模型。标准给出了运载火箭、航天器设计和应用中常用的标准大气与参考大气模型的内容、特点和应用、依据、数据来源、形式、版次等。关于大气模型的描述不包括低空的大气环流产生的气象现象，不包括大气动力学模型，也不包括发射场大气模型。其中，“7.1 ISO 2533：1975 标准大气”的主要内容如下。

（1）给出了从地面到 80km 范围内随几何高度与位势高度而变化的温度、压力、密度、重力加速度、声速、动力黏性系数、运动黏性系数、热传导系数、压力标高、相对密度、大气数密度、大气粒子平均碰撞频率和平均自由程。

（2）假定空气为没有水蒸气和灰尘的理想气体条件下，以平均海平面的空气温度、压力和密度为初始常数计算得出的，标准近似为地球 45°N 的年平均大气。与全球其他经度和纬度的大气月平均值或年平均值相比，给出值差别很大。因此，在工程设计、仪器校准和数据处理时，提供一般性的参考对比，通过某个纬度和经度位置的大气月平均值或年平均值与本标准给出值的偏差，可以看出特定位置和特定月份与正常年份的大气参考剖面的偏差。标准常用于运载火箭、航天器与飞机的设计和试验分析，也用于仪表的研制和校准。

（3）根据《标准大气手册》（ICAO 7488-1964）、《美国标准大气（-5~700km）》USSA-1962 和 CIRA-1965 得到-2~50km 的数值，其中-2~32km 的数值与《标准大气手册》（ICAO 7488-1964）相同。计算时使用了理想气体定律，每层的大气温度作为位势高度的线性函数，位势高度和几何高度的参考点是平均海平面。

(4) 计算使用的常数、系数、方程和数据源于以下文件：CIRA-1965；《标准大气（1964）》（ГОСТ 4401.64）；《标准大气》（DIN 5450-1968）；《标准大气手册延伸到32km》（ICAO 7486/2-1964）；《斯密森纳气象表》USSA-1962（1963）；《美国标准大气补充（0~1000km）》（USSA-1966）。

参考文献

[1] 张军，等．军事气象学［M］．北京：气象出版社，2005.

[2] 寿荣中，何惠珊．飞行器环境控制［M］．北京：北京航空航天大学出版社，2004.

[3] 章澄昌．飞行气象学［M］．北京：气象出版社，2000.

[4] 徐明友．火箭外弹道学［M］．北京：国防工业出版社，1986.

[5] 张小达，张鹏，李小龙．标准大气与参考大气模型应用指南介绍［J］．航天标准化．2010，3：8-10.

[6] 张峰．标准气象条件使用中存在的问题［J］．弹道学报，1999，11(4)：78-81.

[7] 卢明，李智，陈冒银．关于修订我国炮兵标准气象条件的方法研究［J］．弹道学报．2014，26(4)：57-61.

[8] 赵建斌，翟英存，刘明喜．高空气象条件及其对弹箭弹道特性的影响分析［J］．弹箭与制导学报，2008，28(1)：177-180.

[9] 卢明，李智，陈冒银．NRLMSISE-00大气模型的分析和验证［J］．装备指挥技术学院学报，2010，21(4)：57-61.

[10] Picone M，Hedin A E，Drob D P，et al. NRL-MSISE-00 empirical model of the atmosphere：statistical comparisonsand scientific issues［R］．Greenbelt：NASA Goddard Space Flight Center，2002，5-18.

[11] The NASA/MSFC Global Reference Atmospheric Model-1995 Version，byC. G. Justus，W. R. Jeffries III，and S. P. Yung Computer ScienceCorporation Huntsville，Alabama & D. L. Johnson Marshall Space FilghtCenter MSFC，Alabama.

第 3 章

中高层大气波动特性

中高层大气不仅受到日地空间（包括太阳大气、行星际和地球临近空间）作用的影响，同时也与对流层大气和固体地球之间存在复杂而频繁的交互作用。中高层大气相对中间层和低热层（Mesosphere and Lower Thermosphere，MLT）区域来说，是一个相对宽泛也更加复杂的区域定义，大气内部的不同区域通过动力学、光化学和热力学等一系列过程相互作用；在其外部，通过波流相互作用与对流层大气进行动量和能量的交换。同时中高层大气与电离层之间也有显著的动力学和电动力学过程的耦合。中高层大气是大气波动盛行的区域，其中既有高频变化—中小尺度的重力波，也有缓慢变化—尺度与地球纬圈长度相当的行星波和大气热力潮汐等（图 3.1），它们不仅是这里大气扰动的主要形态，还实现了动量的空间传播。尤其重要的是，受环境的控制以及通过和环境流场发生相互作用，稳定的传播状态被破坏，最终导致波动携带的动量被环境截获，成为作用在背景流场上的动力强迫和作用于环境物质上的湍流混合，这种波-流相互作用效应影响到了中高层大气的各个方面，尤其对一些典型的环流结构的形成起到了控制的作用。

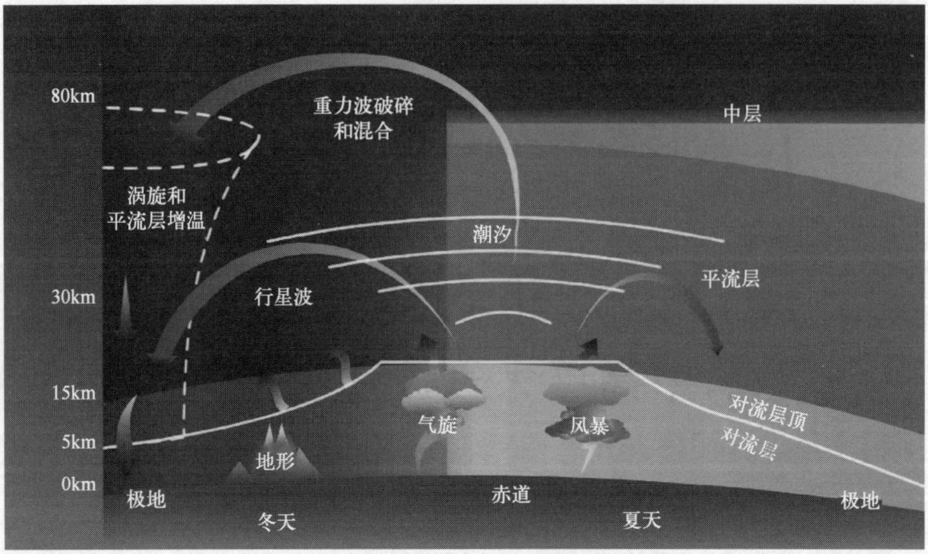

图 3.1　中高层大气各种波的活动示意图

3.1 大气行星波

大气行星波是一种具有非常大水平尺度结构的全球性波动，其水平波长甚至可以达到一个地球周长，是中高层大气中重要的大尺度波动，也是影响中高层大气热力学结构和环流结构的重要动力学因素之一。大气行星波扰动的恢复力是科里奥利力，类似于浮力和重力之间的相互平衡引起重力波的原理，科里奥利力将偏离位置的气团拉回到原纬度，大气行星波只能向西传播，它与平均纬向和经向环流相互作用，在中高层大气中的热量、动量和物质平衡中起重要的作用。

行星波是大气动力学结构的大尺度扰动，且延展在整个经圈上是连续的，这种扰动在经度方向和垂直方向且经常在纬度方向呈现波动的形态。周期和纬向波数是用来区别行星波的两个重要特征，不同的行星波具有不同的周期或纬向波数。行星波的纬向波数是指在各纬度圈上面，波动的波峰（或波谷）的个位数。图 3.2 是纬向波数为 3 的波动示意图，从图中可以看出，在一个纬度圈上，有 3 个波动的最大值和 3 个波动的最小值。行星波的周期也不是连续的，如常见的行星波周期有 2 天、3 天、5 天及 16

天等，这与地球共振腔的选择性放大有关，这些波动都属于行进式波动。同一周期的波动，可以具有不同的纬向波数。例如，准两天波的周期为2天左右，而其纬向波数可以为2天、3天或4天。目前，关于这些波动的产生机制在科学界尚处于讨论中，学者们提出中高层大气中的行进式行星波有3种可能的波源：一是来自低层大气行星波的上传（Chamey 和 Drazin，1961；Dickinson，1968；Salby，1981a、b；Clark，1972）；二是大气共鸣振荡产生的波动，属于自由波模（Salby，1981a、b）；三是大气不稳定性导致的一种强迫性不稳定模态（Meyer 和 Forbes，1997）。

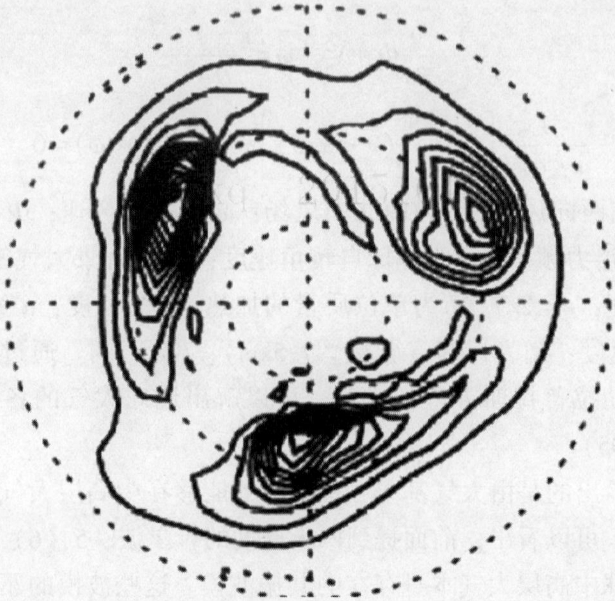

图3.2　纬向波数为3的波动示意图（取自 Norton，1996）

目前，中高层大气波动的研究手段可以分为观测数据的分析和数值模拟（或资料同化）。地基的流星雷达和中频雷达，可以观测中间层顶的中性风场。而钠激光雷达，可以同时观测80~105km 范围内的中性密度和风场。自20世纪90年代以来，卫星的观测数据也逐步得到了广泛应用，如 UARS 卫星上的 MLS 探测器以及 TIMED 卫星上的 SABER 探测器可以提供全球的温度数据，而 TIMED 卫星上的 TIDI 探测器可以提供80~105km 高度范围内的中性风场信息。卫星观测数据的全球特性，极大地改善了地基雷达单点观测的局限性。而在数值模拟或资料同化方面，比较著名的有美国国家大气研究中心开发的 TIME-GCM 以及 WACCM-X 两个模式、美国海军实验室的 NOGAPS-ALPHA 模式以及加拿大的 CMAM 模式。

3.1.1 行星波的经典波动理论

从大气运动基本方程出发，有

$$\frac{\partial u}{\partial t}-2\Omega \cdot \sin\theta \cdot v+\frac{1}{a \cdot \cos\theta}\frac{\partial \Phi}{\partial \lambda}=0 \tag{3.1}$$

$$\frac{\partial v}{\partial t}+2\Omega \cdot \sin\theta \cdot u+\frac{1}{a}\frac{\partial \Phi}{\partial \theta}=0 \tag{3.2}$$

$$\frac{\partial}{\partial t}\Phi_z+N^2 \cdot \omega=\frac{\kappa \cdot J}{H} \tag{3.3}$$

$$\frac{1}{a \cdot \cos\theta}\left[\frac{\partial u}{\partial \lambda}+\frac{\partial}{\partial \theta}(v \cdot \cos\theta)\right]+\frac{1}{\rho_0}\frac{\partial}{\partial z}(\rho_0 \cdot \omega)=0 \tag{3.4}$$

式中：u 为东西向风场；v 为南北向风场；ω 为垂直风速；Φ 为位势高度波动；N^2 为浮力频率；Ω 为地球自转角速度；ρ_0 为背景大气密度；z 为高度；λ 为经度；$\kappa=2/7$；J 为单位质量的加热；θ 为纬度；a 为地球半径；g 为重力加速度；H 为标高（常数，7.5km）；t 为时间。通过变量代换及分离，并借助拉普拉斯方程的求解，可以解出地球大气的各种共振波模（Forbes，1995）。

表 3.1 给出的是由大气基本方程解出的能够在中高层大气中存在的部分共振波模。可以看出，前面提到两天周期的行星波，5（6）天周期的行星波都是地球中高层大气本身存在的共振波模。这些波模的驱动与激发与大气中的潜热释放、平均风场的振荡以及一些随机动力过程有关（Andrews，1987）。

表 3.1 中高层大气中的部分共振波模（Forbes，1995）

波	$(s, \lvert n \rvert -s)$	h_n/km	描　述
5 天波	(1, 1)	10.5	转动；Rossby；第一个对称
10 天波	(1, 2)	10.5	转动；Rossby；第一个对称
16 天波	(1, 3)	10.5	转动；Rossby；第二个对称
4 天波	(2, 1)	10.5	转动；Rossby；第一个对称
2 天波	(3, 0)	10.5	混合 Rossby-Gravity；不对称

3.1.2 典型行星波的观测特征

1. 准两天波

准两天波是平流层上部、中间层及低热层大气中的一个典型现象，它具体表现为温度和风场的准两天振荡，并且向西传播。准两天波的周期并不是很确切的两天，对不同的个例可以在 1.7~2.3 天之间波动。比较典型的准两天波的纬向波数为 2、3 或者 4，其中纬向波数为 3 的准两天波最为著名。一般来讲，准两天波在至日之后一个月左右开始出现，持续 20 天左右。纬向波数为 3 的准两天波主要出现在 1 月底、2 月初的南半球；而纬向波数为 4 的准两天波主要出现在 7、8 月份的北半球，持续的时间要比波数为 3 的准两天波稍长。但南半球的准两天波（即波数为 3 的准两天波）要远远强于北半球的准两天波（即波数为 4 的准两天波），能量比值大约为 2:1。纬向波数为 2 的准两天波一般出现在 1、2 月份，与纬向波数为 3 的准两天波伴随产生。

1）波数为 3 的准两天波

图 3.3 是纬向波数为 3 的准两天波的频谱示意图，可以很清楚地看到一支西向传播，纬向波数为 3，周期为 2.13 天的准两天波动。它是南半球夏季中间层顶一个非常强烈而典型的波动，是最为著名的准两天波（Wu 等，1993；Herman 等，1999；Thayaparan 等，1999；Lima 等，2004；Liu 等，2004；Pancheva，2004；Li 等，2008）。波数为 3 的准两天波的温度波动可以达到 10~20K（Palo 等，2007；McCormack 等，2009），且主要存在于南半球；经向风的波动幅度可以达到 50~100m/s，其峰值位于南半球的中低纬度地区；而纬向风的波动幅度大概为经向风的一半，其峰值在南北半球的中高纬度地区，其中南半球分支的波动幅度要大于北半球分支。

从季节变化来说，波数为 3 的准两天波在 12 月底或 1 月初开始增长，在 1 月中下旬达到最大值。虽然波数为 3 的准两天波的垂直结构和全球结构每年保持基本不变，但其幅度、发生的时间及周期等会表现出明显的年际变化。例如，TIMED/SABER 的温度观测和 TIMED/TIDI 的风场观测都表明，波数为 3 的准两天波的波动在 2006 年 1 月异常强烈，这很可能是受到了平流层突然增温影响（Gu 等，2013）。然而，在 2008 年 1 月份，波数为 3 的准两天波却非常弱（McCormack 等，2010）。一个原因是 2008 年 1 月南半球的东风风场比较弱，不足以维持西向传播波数为 6 的全日潮汐波

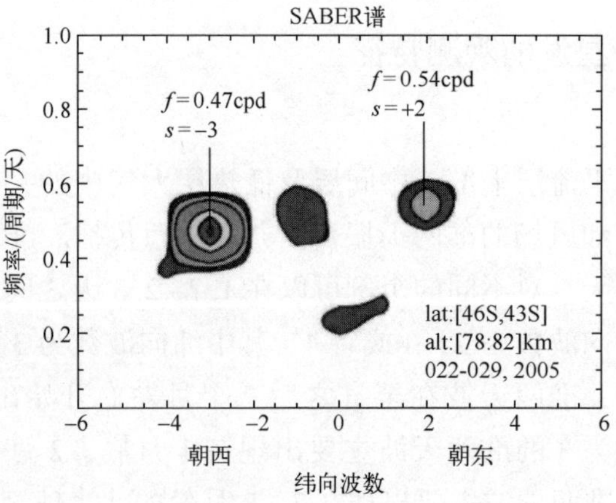

图 3.3　SABER 探测器的温度数据在 2005 年 1 月 22—27 日、42°S~45°S、以 78~82km 的频谱图（其中，横坐标是行星波的纬向波数，正代表东向传播，负值代表西向传播；纵坐标是行星波的频率，频率的倒数为行星波的周期（单位是天），取为 Palo 等（2007））

（1，6）的存在以及放大，而波数为 6 西向传播的全日潮汐波可以通过自发共振产生波数为 3 的准两天波（1/2，3）（Walterscheid 和 Vincent，1996）。另一个原因是，当夏天东风风场比较弱时，与背景风场有关的不稳定性比较弱，而这种不稳定性是准两天波与背景流相互作用过程中进行放大的重要能量来源。因而，当背景纬向风风场比较弱时，相应的纬向波数为 3 的准两天波也比较弱。

2）波数为 4 的准两天波

波数为 4 的准两天波是除了波数为 3 的准两天波之外，另一种比较著名的准两天波。波数为 4 的准两天波的温度和风场波动结构和波数为 3 的准两天波类似，即在中间层顶达到最大值，并且夏天半球的波动要强于冬天半球的波动。过去对波数为 3 的准两天波远远多于对波数为 4 的准两天波的研究，一方面是因为研究者很早就发现，波数为 3 的准两天波的周期、垂直结构以及全球分布都与罗斯贝-重力波（3，0）共振波模相一致（Salby，1982；Wu 等，1993；Salby 和 Callaghan，2001；2003；Palo 等，2007；McCormack 等，2009），这为波数为 3 的准两天波提供了很好的理论解释。其次，波数为 3 的准两天波的波动强度几乎是波数为 4 的准两天波强度的 2 倍，这使波数为 3 的准两天波更容易被人们观测到。例如，激光雷达和卫星观测都表明，波数为 4 的准两天波的温度波动幅度大概只有4~

6K（Li等，2008；Tunbridge等，2011），而波数为3的准两天波的波动幅度则可以达到10K，甚至更高（Palo等，2007）。

Rodgers和Prata（1981）从Nimbus 6卫星探测的辐射数据中提取了一支西向传播、波数为4的准两天波信号，其周期大概为1.7天。UARS卫星的MLS温度数据也显示，波数为4的准两天波主要出现在7月、8月的北半球，此时北半球处于夏季，并且波数为4的准两天波的强度比波数为3的准两天波的波动强度要弱很多（Wu等，1996），主要是因为7月、8月来自于南半球（冬季）的行星波驱动力比较弱，而这些驱动力是波数为4的准两天波的触发源。连续5年的Aura卫星MLS探测器的温度数据也表明，虽然波数为4的准两天波的空间结构在不同的年份基本保持稳定，但它们的幅度也表现出了明显的年际变化（Tunbridge等，2011）。

Salby和Callaghan（2001）首次提出，波数为4的准两天波的空间结构与罗斯贝-重力波（4，0）波模相一致。他们证实，在1月份的背景风场条件下，罗斯贝-重力波（4，0）波模的增长速率比（3，0）波模要慢得多；而在7月份的背景风场条件下，（4，0）波模的增长速率和（3，0）波模的相当。换句话说，7、8月份的背景风场状态更有利于（4，0）波模的增长，而1、2月份的背景风场状态更有利于（3，0）模的增长，这也就解释了为什么波数为4的准两天波在7、8月份观测到的概率比其他月份更高（Randel，1994；Wu等，1996；Tunbridge等，2011）。

3）波数为2的准两天波

与波数为3和波数为4的准两天波的研究相比，只有少数的研究关注波数为2的准两天波。Riggin等（2004）通过分析UARS卫星HRDI探测器的风场数据，研究了波数为2的准两天波的水平风场波动的全球结构。结果表明，波数为2的准两天波的经向风波动在赤道地区的中间层顶达到最大。他们提出波数为2的准两天波是在中间层顶局地产生的，并且与低层的两天波活动没有直接的联系。后来通过分析Aura卫星的视向风数据，Limpasuvan等（2009）发现2006年1月的两天波活动与其他年份不同，在这一年他们除了观测到经典的波数为3的准两天波外，还观测到了一支波数为2的准两天波。他们认为，这支波数为2的准两天波是由处于不稳定状态的背景风场激发，因为2006年1月的背景风场相对比其他年份要强。Aura/MLS探测器的温度数据表明，波数为2的准两天波在1月达到最大值，并且其温度波动的峰值出现在中低纬度地区，而在赤道地区只有很弱的波动（Tunbridge，2011）。他们也发现，波数为 2 的准两天波在夏天半球的温度波动要比冬天半球更强，这有可能与夏天半球背景风场的不稳定性有关。

2. 开尔文波

开尔文波是一种被限制在赤道附近，北半球只能向东传播，南半球相反，以平衡地转偏向力对其的影响，它的驱动源来自于对流层大气的潜热释放（Holton，1973；Salby 和 Garcia，1987）。根据经典波动理论，开尔文波的经向风波动分量几乎为零，远远小于纬向风波动和温度的波动（Forbes，2000；Niranjan Kumar 等，2012）。一般情况下，根据周期的不同，可以把开尔文波分为 3 类：第一类称为“开尔文慢波”，其周期为 10~20 天；第二类称为“快速开尔文波”，其周期比第一类开尔文波小，为 6~10 天；第三类波称为“超快速开尔文波”，具有最短的周期和最快的传播速度，它们的周期只有 3~6 天。但是，由于超快速开尔文波具有较短的周期和相对较长的垂直波长，其在传播过程中的耗散比较弱，因而只有超快速开尔文波能够到达中间层顶、低热层甚至更高的高度（Forbes，2000）。

Salby 等（1984）首先从 Nimbus-7 卫星 UBS 探测器的温度数据中提取出了超快速开尔文波，结果表明超快速开尔文波在中间层高度处的周期大约为 3.5 天，垂直波长约为 40km。其温度的波动相对于赤道基本对称，纬向结构表现为波数为 1，并且向东传播。后来搭载在 UARS 卫星上面的高分辨多普勒成像仪（High Resolution Doppler Imager，HRDI）探测器首次对超快速开尔文波的水平风场波动进行了测量。这些风场数据表明，超快速开尔文波的纬向风分量在 105km 左右的近赤道地区达到最大值，约为 40m/s（Lieberman 和 Riggin，1997）。由于超快速开尔文波可以到达中间层顶、低热层甚至更高的高度，这使超快速开尔文波对于中性大气和电离层的耦合非常重要（Forbes，2000）。

3. 6 天波

6 天波是中间层、低热层区域另外一支非常强的行星波，它的纬向波数为 1，并且西向传播。目前中性大气中的 6 天波已经被广泛研究，包括观测研究和数值模拟的研究。从观测上来讲，Wu 等（1994）用 UARS 卫星上搭载的 HRDI 探测器的水平风场数据研究了一支周期为 6.5 天的波的全球结构，结果表明，这支 6.5 天波的纬向风波动的峰值在赤道地区，而经向风波动的峰值在中高纬度地区。这与罗斯贝（1，1）波模的结构非常类似（Salby，1981），因而他们认为周期为6.5天的行星波是周期为5天的罗斯贝（1，1）波模在真实的背景大气中多普勒平移的结果（Wu等，1994；Talaat等，2001）。但也有研究者认为，由多普勒平移引起的罗斯贝（1，1）波模的周期偏差最大值为0.5天，也就是说，周期为5天的罗斯贝（1，1）波模在真实大气中的周期为4.5~5.5天。而观测到的6~7天的周期远远超过了这个范围，因而6.7天波与5天的罗斯贝（1，1）波是两支不同的行星波。印度Tirunelveli（8.7°N，77.8°E）台站的中频雷达观测到的水平风场数据表明，6天波在春分或秋分附近达到最大值，而在夏至和冬至附近达到极小值（Kishore等，2004）。总之，已有的研究表明，6天波的纬向风波动在赤道地区达到最大，并且其相位在不同半球之间是正向相关的；而纬向风波动在赤道地区处于极小值，且相位在不同半球之间反向相关（Wu等，1994；Talaat等，2001；Liu等，2004；Pedatella等，2012a）。6天波的垂直波长在60~80km之间，这足以使其传播到中间层顶的E层，甚至更高的高度，进而对电离层造成扰动（Wu等，1994；Forbes，2000）。

3.1.3　波与波的非线性相互作用

波与波的非线性相互作用也是行星波的一个重要来源。Walterscheid（1996）最先提出地球大气中行星尺度波动的非线性相互作用理论，即两种行星波发生非线性相互作用时，可以产生另外两种新的行星尺度波动，并且新产生的行星波的频率和纬向波数满足以下关系，即

$$f_{c1}=f_{p1}+f_{p2},\quad s_{c1}=s_{p1}+s_{p2} \tag{3.5}$$

$$f_{c2}=f_{p1}-f_{p2},\quad s_{c2}=s_{p1}-s_{p2} \tag{3.6}$$

式中：f为行星波的频率；s为行星波的纬向波数；c和p分别为子波和父波。

在实际的观测中，这种大尺度波动的非线性相互作用已经被研究者们所证实。例如，波数为3的准两天波可以与西向传播、波数为1的迁移潮汐波（DW1）发生非线性相互作用，产生一支东向传播、波数为2的准两天波（E2）（Palo等，2007；Chang等，2010）。此外，Pancheva等（2002、2004）报道了波数为3的准两天波与纬向波数为1的16天波的非线性相互作用，他们发现这种非线性相互作用能够产生一支周期为42h、

波数为 4 并西向传播的准两天波，以及一支周期为 55h、波数为 2 并西向传播的准两天波。

3.1.4 背景风场对行星波的影响

波动的传播与背景大气的风场状态息息相关，每一种波动都会对应一个临界大气层，当波动到达临界层时就会被吸收或反射。因而，特定高度范围的背景风场只能够选择性地允许部分行星波的上传，并会抑制另一部分行星波的上传。这就造成虽然在地球大气的对流层区域有各种各样的波动，但只有部分的波动能够传播到平流层、中间层甚至热层。背景风场对行星波的影响还体现在，不同的行星波只有在特定的背景风场条件下才能存在，这就是行星波具有明显季节变化特征的一个重要原因。另外，在行星波传播过程中，可以通过与背景风场的相互作用，从背景流中吸取能量，当行星波穿过处于不稳定状态的背景大气时，其波动幅度就会得到显著增强。因而，背景风场的年际变化，最终将导致行星波的年际变化。

3.2 潮 汐 波

大气中的潮汐类似于人们日常所熟悉的海洋潮水涨落，在日复一日的太阳辐射以及太阳和月亮的牵引等周期性变化的外因作用下，地球表面的大气也呈现出周期性的变化，包括大气的风场、密度及温度等大气要素。大气热力潮汐也是中高层大气波动的一个重要组成部分，它们是球面大气在由于太阳照射而形成的具有日变化性质的热源的驱动下产生的全球共振响应波动。观测结果显示，这些起源于低层的波动可以传播到低热层高度（100km 以上），并成为中间层和低热层区域（MLT）最显著的扰动形式。根据产生机制的不同，大气潮汐波可以分为太阳潮汐波和太阴潮汐波。太阳潮汐波是由不同化学物质（如对流层的水蒸气、平流层的臭氧以及中间层的氧和氮等）吸收太阳辐射而引起，其周期与太阳活动密切相关，主要包括周期为 24h 的周日潮汐波（diurnal tide）以及周期为 12h 的半日潮汐波（semidiurnal tide）。此外，8h 潮汐波（terdiurnal tide）、6h 潮汐波（quarterdiurnal tide）也是太阳潮汐波的重要组成部分。太阴潮汐波则完全由月球引力产生，且与太阳潮汐波相比，太阴潮汐波通常较弱。

大多数潮汐波与太阳同步向西移动，这类潮汐波被称为迁移潮汐波，迁移潮汐波是潮汐波的主要组成部分。另一部分潮汐波或静止或以不同于太阳自转的速度向东或向西传播，称为非迁移潮汐波。迁移潮汐波是由太阳加热作用产生，而非迁移潮汐波的产生原因具有一定的不确定性，太阳辐射作用、深对流活动的热释放作用、潮汐波之间或迁移潮汐波与行星波之间的非线性相互作用等都是导致非迁移潮汐波产生的因素（Forbes 等，2003；Angelats i Coll & Forbes，2002；Teitelbaum & Vial，1991）。迁移潮汐波是潮汐波的主要组成部分，Jhuang 等（2018）指出，迁移潮汐波能量占据了潮汐波总能量的 75%～94%，而非迁移潮汐波能量的占比为 5.8%～25%。

大气潮汐的研究可以追溯至 20 世纪 70 年代。随着潮汐理论的建立和发展，潮汐作为中高层大气的重要波动，已成为中高层大气研究的主要内容之一。潮汐波在中间层、低热层大气水平风场和垂直风场中都具有很强的幅度，所以潮汐波在中间层、低热层大气的热力学和动力学过程中起着主导作用。从激发机制来看，太阳潮汐可分为两种主要的类型。一是太阳加热在不同经度处的不均匀分布可直接驱动大尺度热致潮汐，这种潮汐依赖太阳地方时并随太阳向西迁移，因此被称为迁移性潮汐。在对流层顶附近的热源是水蒸气和二氧化碳对太阳辐射红外附近波段的吸收；在平流层顶附近是由于臭氧对太阳紫外辐射的吸收；而热层潮汐可以来自底层大气上传，也可以由分子氧分解和电离时吸收太阳紫外和远紫外辐射的本地激发引起。二是有规律的依赖世界时间和太阳转动不同步的大尺度潮汐，主要由对流层和行星边界层中随经度不同的非迁移的次级热源（如因海陆构形、冰层覆盖或大尺度的山岳特征而引起的地面差致加热）激发。这些次级热源激发的潮汐波向东或向西传播，也可能是驻波模，有时也被称为非迁移潮汐。潮汐激发产生后，会向上传播并因其破碎而耗散，不仅会对重力波的传播产生调制作用，也会改变中高层大气的化学反应，对电离层电动力学过程产生影响。因此，了解大气潮汐波在不同时间、空间上的变化有十分重要的意义。

3.2.1　大气潮汐的经典理论

根据大气（干空气）运动的 Navier-Stokes 方程组在球坐标系中的表达式，假设背景大气是静止大气，用微扰法（略去微扰的二次乘积项）进行

适当的线性化处理，可以得到以下描述大气潮汐运动的经典方程，即

$$
\begin{cases}
\dfrac{\partial u'}{\partial t}+2\Omega v'\cos\theta=-\dfrac{1}{a\sin\theta}\dfrac{\partial}{\partial\lambda}\left(\dfrac{p'}{\rho_0}\right)\\
\dfrac{\partial v'}{\partial t}-2\Omega v'\cos\theta=-\dfrac{1}{a}\dfrac{\partial}{\partial\theta}\left(\dfrac{p'}{\rho_0}\right)\\
\dfrac{\partial p'}{\partial z}=-g\rho'\\
\dfrac{\partial\rho'}{\partial t}+w'\dfrac{\mathrm{d}\rho_0}{\mathrm{d}z}+\rho_0\chi=0\\
\dfrac{\partial p'}{\partial t}-g\rho_0 w'+\rho_0 C_s^2\chi=(\gamma-1)J\rho_0
\end{cases}
\tag{3.7}
$$

式中：u'、v'、w'为纬向、经向和垂直扰动速度，正向分别为向东、向南和向上，$u=u'$，$v=v'$，$w=w'$；$p=p_0+p'$；$\rho=\rho_0+\rho'$；$T=T_0+T'$；p'、ρ'、T'为压强、密度和温度扰动量；p_0、ρ_0、T_0为静止大气压强、密度和温度；θ为纬度，λ为经度；a为地球半径；Ω为地球自转角速度；$\chi=\nabla\cdot v$；$\gamma=C_p/C_v$为 Poisson 指数；$C_s=\sqrt{\gamma RT_0}$为绝热声速；J为潮汐热力激发因子，方程组（3.7）的前3式为运动方程，第四式为连续方程，第五式为用连续方程和线性化的状态方程消去T的热力方程。方程组（3.7）有以下特点。

（1）主要考虑科里奥利（Coriolis）力和压力梯度力，忽略 Coriolis 力的垂直分量和垂直速度的局地变化，即垂直运动方程采取了静力平衡近似，这对全球尺度和大尺度的潮汐运动是充分成立的。

（2）对大气潮汐运动，整个大气层可以看成很薄，因此以$\dfrac{1}{a}$取代$\dfrac{1}{r}$，又因$r\approx a+z$。故以$\dfrac{\partial}{\partial z}$取代$\dfrac{\partial}{\partial r}$。

（3）为简化问题，背景盛行风v_c、黏性和热传导等非线性效应和耗散项皆被略去。

（4）J为单位质量空气在单位时间内从外界得到的热致潮汐（thermotidal heating），包括通过辐射和相变等方式传输的热量，表示作用于自由振荡大气的周期性的热强迫，因而可设：

$$J=J(\theta,z)\exp\{\mathrm{i}(\omega t+m\lambda)\}$$

式中：ω为角频率；m为纬向波数。由此可以得到一个严格划分，即当

$\omega=m\Omega$ 时为迁移潮汐，否则为非迁移潮汐。

方程组（3.7）的第五式左边可写为

$$\frac{\partial p'}{\partial t}+w'\frac{\mathrm{d}p_0}{\mathrm{d}z}+\gamma p_0\chi$$

在所讨论的近似条件$\frac{\mathrm{d}f}{\mathrm{d}t}=\frac{\partial f}{\partial t}+w'\frac{\partial f_0}{\partial z}$下，即

$$\frac{\mathrm{d}p}{\mathrm{d}t}+\gamma p_0\gamma$$

因此，最方便的是寻求由各方程共同决定的对

$$-\frac{1}{\gamma p_0}\frac{\mathrm{d}p}{\mathrm{d}t}$$

这个量的周期解。其中，

$$\frac{\mathrm{d}}{\mathrm{d}t}=\frac{\partial}{dt}+\frac{u}{a\sin\theta}\frac{\partial}{\partial\lambda}+\frac{v}{a}\frac{\partial}{\partial\theta}+w\frac{\partial}{\partial z}$$

对于不存在热强迫 J 的自由振荡，显然这个量对应于速度散度 χ 个量的，但当计入 J 时就不再等于 χ，而可设为

$$-\frac{1}{\gamma p_0}\frac{\mathrm{d}p}{\mathrm{d}t}=G(\theta,z)\exp[\mathrm{i}(\omega t+m\lambda)]$$

因为波场各变量含有相同的指数依赖部分，理论上只关心

$$f=f(\theta,z)\exp[\mathrm{i}(\omega t+m\lambda)]$$

形式的解，所以所有包含$\frac{\partial}{\partial t}(\mathrm{i}\omega)$，$\frac{\partial}{\partial t}(\mathrm{i}m)$的项均可代数化。这样即可直接以压力扰动 $p'(\theta,z)$ 表示速度复振幅 $u'(\theta,z)$、$v'(\theta,z)$ 的表达式，并得到 $G(\theta,z)$ 是一个关于算符 F 的描述大气潮汐运动的基本二阶偏微分方程的解，即

$$H\frac{\partial^2 G}{\partial z^2}+\left(\frac{\mathrm{d}H}{\mathrm{d}z}-1\right)\frac{\partial G}{\partial z^2}=\frac{g}{4a^2\Omega^2}F\left[\left(\frac{\mathrm{d}H}{\mathrm{d}z}+\frac{\gamma-1}{\gamma}\right)G-\frac{(\gamma-1)J(\theta,z)}{\gamma^2 gH}\right] \tag{3.8}$$

其中，

$$F=\frac{1}{\sin\theta}\frac{\partial}{\partial\theta}\left(\frac{\sin\theta}{\kappa^2-\cos^2\theta}\frac{\partial}{\partial\theta}\right)-\frac{1}{\kappa^2-\cos^2\theta}\left(\frac{m}{k}\frac{\kappa^2+\cos^2\theta}{\kappa^2-\cos^2\theta}+\frac{m^2}{\sin^2\theta}\right)$$

$$H=\frac{RT_0}{g}=\frac{C_s^2}{\gamma g}$$

$$\kappa=\frac{\omega}{2\Omega}$$

式（3.8）可用分离变量法求解。如果令

$$G(\theta,z)=\sum_{n}L_n(z)\Theta_n(\theta) \tag{3.9}$$

并设 J 也可用通常称为 Hong 函数的 Θ_n（因上标 ω、m 通用于所有的潮汐场、Hong 函数以及下面的等效深度或本征 h_n，故暂时略去）来展开。

$$J(\theta,z)=\sum_{n}J_n(z)\Theta_n(\theta) \tag{3.10}$$

那么式（3.10）就可以分裂为两个著名的常微分方程，即 Laplace 潮汐经向结构方程（它最初描述的是一个假想深度为 h 的全球海洋自由表面振荡），即

$$F(\Theta_n)+\frac{4a^2\Omega^2}{gh_n}\Theta_n=0 \tag{3.11}$$

和 Wilkes 垂直结构方程，即

$$\frac{\mathrm{d}^2Y_n}{\mathrm{d}\zeta^2}-\frac{1}{4}\left\{1-\frac{4}{h_n}\left[\frac{(\gamma-1)H}{\gamma}+\frac{\mathrm{d}H}{\mathrm{d}\zeta}\right]\right\}Y_n=\frac{(\gamma-1)J_n}{\gamma^2gh_n}\exp\left(-\frac{\zeta}{2}\right) \tag{3.12}$$

在得到式（3.6）时，引入了简化变换，即

$$\zeta=\int_0^z\frac{\mathrm{d}z}{H}$$

和

$$L_n(z)=Y_n(\zeta)\exp\left(\frac{\zeta}{2}\right)$$

在式（3.11）中的 h_n 是分离变量时引进的常数，习惯上称为等效深度。式（3.11）产生了一个本征值问题并导致单个波模随纬度变化，与之相应的 Hough 函数可以用连带 Legendre 多项式展开，即

$$\Theta_n^{\omega,m}=\sum_{l=m}^{\infty}C_n^{\omega,m}P_l^m(\cos\theta)$$

理论上一个波型族(ω,m)可以有无数个等效深度，其中 h_n 是对应于波模(ω,m,n)的本征值，是表征大气强迫振荡的尺度参数量；而式（3.12）刻画了依赖于相应外热源分布的波模随高度的变化。为了找出对应于特定(ω,m)大气潮汐的可能波模，应先用式（3.11）和相应的南北两级边界条

件确定本征值 $h_n^{\omega,m}$ 和本征函数 $\Theta_n^{\omega,m}$（实际计算时需要对 Legendre 级数进行有限项截断），然后对每个本征值利用式（3.12）和适当的上下边界条件求解（一般需要数值解法）$Y_n^{\omega,m}$ 随 ζ 的变化，最后通过合成与阶数加和便可得到对应于(ω,m)的潮汐场全解。这种方法的特点是通过事先指定(ω,m)的值来求解周期强迫波动，理论上研究潮汐所采用的主要就是这种解法。

在标识 Hough 模时通常采用 Flattery 标记法，即用(m,n)与阶数加和便可得到对应于(ω,m)代表纬向波数为 m，并以正指标 n（一般对应于传播模）表示重力模或以负指标 n（对应于捕获模）表示旋转模的一个 Hough 函数模。例如，半日迁移潮汐有关于赤道的重力模$(2,2)$,$(2,4)$,…，关于赤道反对称的重力模$(2,3)$,$(2,5)$,…；周日迁移潮汐有对称重力模$(1,1)$,$(1,3)$,…，反对称重力模$(1,2)$,$(1,4)$,…；对称旋转模$(1,-2)$,$(1,-4)$,…，反对称旋转模$(1,-1)$,$(1,-3)$,…。在实际分析中可以通过对比观测与模式模拟波模的垂直结构来进行判断。对于同一潮汐波而言，即特定的频率 σ 以及纬向波数 s，都对应于一组 Hough 模（$\Theta_n^{s,\sigma}$, $n=1,2,3,\cdots$），其包含无数支子模。以 8h 潮汐为例，简单介绍 Hough 模特征。图 3.4 给出的是 8h 迁移潮汐波（a）温度、（b）纬向风、（c）经向风分量前 4 支 Hough 模子模（（3，3）模、（3，4）模、（3，5）模、（3，6）模）随纬度变化。如图所示，（3，3）模的温度分量(图 3.4（a），蓝色实线）随纬度变化只有赤道地区一个波峰，即以（3，3）模纬度分布 8h 潮汐波，其幅度在赤道地区最大。不同子模对应的垂直波长均不相同，而在潮汐波向上传播过程中，垂直波长显著地影响着潮汐的上传特性。总之，不同纬度分布的大气潮汐（不同子模）具有不同的向上传播特性。

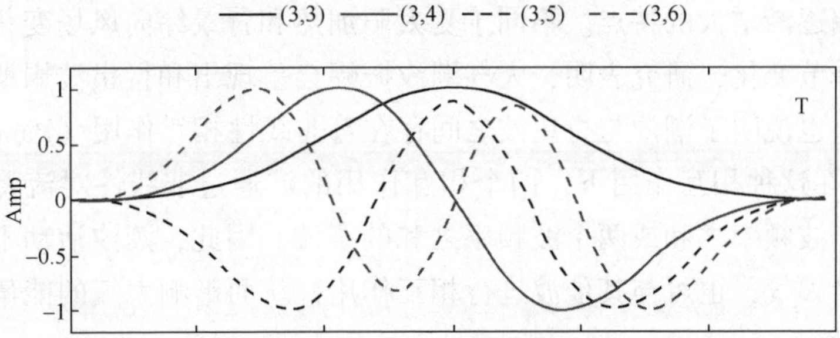

(a)

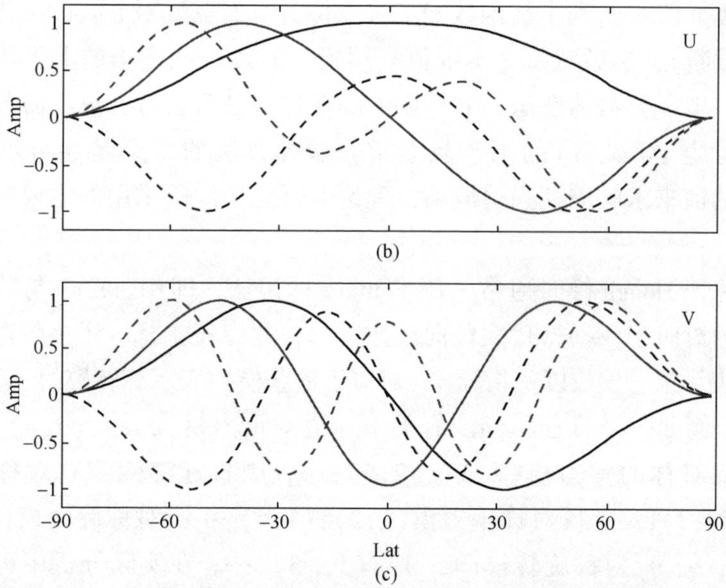

图 3.4　温度、纬向风和经向风的 8h 迁移潮汐 Hough 模（见彩插）
（a）温度；（b）纬向风；（c）经向风。

3.2.2　中高层大气潮汐特征

大气太阳潮汐波波源出现在对流层或者平流层，垂直传播方向向上。随着高度上升，大气密度呈指数衰减，大气潮汐的振幅逐步增大。上传到中间层-低热层区域时，潮汐便成为了大气的主要扰动之一。根据所在纬度的不同，潮汐间各成分的相对强弱有所不同。低纬度地区周日潮汐通常是主要的潮汐成分，周日潮汐振幅呈现明显半年变化，春秋分强，夏至最弱；高纬度地区半日潮汐则通常为主要潮汐成分，半日潮汐呈现由高纬向低纬振幅逐渐增大的特点。不同于受太阳加热和背景纬向风场变化而引起的潮汐季节变化，研究表明，大气潮汐振幅会呈现出和行星波周期一致的变化，这也说明了潮汐与行星波之间存在着非线性相互作用（Panchev 等，2002）。在这种相互作用下，两个相互作用的波通过非线性对流将产生频率为两个波频率之和或两个波频率之和的子波。因此，潮汐活动不仅可以影响背景大气，也可与其他波进行相互作用，从而影响大气的能量传输和动力学过程。

姜国英等（2010）利用海南富克流星雷达观测2009年2月1日至4月20日春分前后近3个月的风场数据，分析研究了低纬度地区中高层大气周日潮汐、半日潮汐及平均风随时间、高度的变化情况，表明在春季我国低纬上空中层顶区存在非常强烈的大气潮汐波，并且大气周日潮的幅度明显大于半日潮，周日潮幅度的最大值（约100m/s）出现在经向风场中，周日潮和半日潮的相位在垂直方向上向下传播。图3.5给出2009年2月13—18日、80~100km高度范围内富克流星雷达观测的经向小时风场，图中空白处表示无探测数据。从图中可以直观地看出，风场中存在幅度很强的周日潮汐信号。

图3.5　富克流星雷达观测的经向小时风场（见彩插）

3.3　大气重力波

地球大气层有着明显的分层结构，除了逃逸层（Exosphere）以外，大气层内部一般处于较稳定的状态，这是人类赖以生存的基础环境，同时也为大气重力波的产生和传播提供了有利条件。重力波（Gravity Wave）是传播在稳定层结大气中的一种振荡运动，是空气元受重力和各向同性热压力共同作用的结果，它的频率介于惯性频率和浮力频率之间，空间尺度处在行星尺度的运动和小尺度湍流之间，大气的对流活动、地表起伏、风切变作用、日地相互作用和潮汐活动等因素都可以在大气中激发与地球重力密切相关的大气重力波。重力波具有多种多样的波参数，大部分重力波的传播与水平面呈现一定夹角，只有少量是水平传播的，还有的重力波则相对地面静止（驻波）。大气重力波是全球中高层大气中最重要的动力学过程之一，由于大气密度的分布为垂直向上指数衰减，重力波的上传过程伴随着振幅的迅速增长从而产生不稳定性；波动具有动量和能量，大气重力波在传播过程中与背景大气发生动量、能量交换。重力波与背景大气之间的能量传输效率远高于平均流的传输，来自低层大气重力波的饱和破碎形成的对中高层大气的加热强度甚至会达到太阳紫外辐射的数百倍，而且重力波能量和动量从波源向空间的输送，对大气结构和层间耦合也有明显影响。因此，大气重力波活动在全球的气象学、气候学、化学以及平流层和中间层的动力学中扮演着重要角色。

3.3.1 重力波的传播

波可以定义为扰动以有限的速度通过介质的形态或状态。能量可以通过波动从介质的一部分依次传递到下一个毗邻的部位。每个波携带着一定能量，波也可以被认为是在缓慢变化背景上叠加的扰动。当一个空气块或者是流体质点从它的初始位置产生一个偏离，恢复力可能导致其返回到其初始位置。在这种情况下，由于惯性作用，它们会超过初始位置并向相反方向运动，从而产生围绕平衡位置的振荡。同时波动从这个初始区域传播到流体介质的其他部位，这就是波在物理介质中的传播，波动携带的信息传播并不是由相速度决定而是由群速度决定。

物理恢复力和传播介质是波动的两个基本元素，波的最终行为是由这两个基本元素所决定，恢复力负责波动的产生过程，大气重力波的恢复机制是浮力或者说垂直静态稳定度，重力参与了静力平衡波的过程；能量和动量则通过大气介质传播。波动的基本性质可由频率、波数、相速度、群速度和频散关系等来表征。波的振荡周期（τ）决定了波的频率，水平和垂直尺度决定了波的水平和垂直波数（$k=2\pi/L_x$；$l=2\pi/L_y$；$m=2\pi/L_z$），其中 k、l 和 m 是波数，L_x、L_y 和 L_z 是波长，分别对应纬向、经向和垂直方向。

1. 线性理论

当前的重力波理论都是建立在线性近似的基础上，这种近似不考虑波与波之间的相互作用，只考虑波与背景大气的能量、动量交换。这种近似可以简化问题，从而寻找出复杂的大气活动的动力学本质。线性重力波理论中，把大气参数分为一阶小扰动和背景两个部分，这个假定在中高层大气中成立。然而对流层大气中对流活动非常频繁，扰动量相对于背景并不是小量，逃逸层中大气粒子逃逸现象明显。因此，线性理论一般很难成立，总的来说，线性理论是研究大气现象，分析观测资料最有效的方法之一。由直角坐标系下 Boussinesq 流体静力学方程组（运动方程、能量方程和连续性方程），即

$$\frac{\mathrm{d}u}{\mathrm{d}t}-fv+\frac{1}{\rho}\frac{\partial p}{\partial x}=X \tag{3.13}$$

$$\frac{\mathrm{d}v}{\mathrm{d}t}+fu+\frac{1}{\rho}\frac{\partial p}{\partial y}=Y \tag{3.14}$$

$$\frac{\mathrm{d}w}{\mathrm{d}t}+\frac{1}{\rho}\frac{\partial p}{\partial z}+g=0 \tag{3.15}$$

$$\frac{1}{\rho}\frac{\partial \rho}{\partial t}+\frac{\partial u}{\partial x}+\frac{\partial v}{\partial y}+\frac{\partial w}{\partial z}=0 \tag{3.16}$$

$$\frac{\mathrm{d}\theta}{\mathrm{d}t}=Q \tag{3.17}$$

$$\theta=\frac{p}{R\rho}\left(\frac{p_0}{p}\right)^{\kappa} \tag{3.18}$$

式中：X 和 Y 为非保守的驱动力和耗散力；Q 为加热作用（$Q=0$ 为绝热过程）；θ 为位温，比热比 $\kappa=C_p/C_v$（定压比热容/定容比热容），大气密度 $\rho=\rho_0\exp[-(z-z_0)/H]$，$\rho_0$ 为参考高度 z_0 处的密度，$f=2\Omega\sin\varphi$ 为科里奥利参数。线性理论中假设，物理量由平均的背景场和扰动叠加组成（如 $u=\bar{u}+u'$），并且压强和密度的扰动远远小于对应的平均值（如 $p'\ll p_0$、$\rho'\ll\rho_0$）。线性化过程中忽略了所有的波扰动的二次项（如 $u'u'$、$u'v'$、$u'w'$ 等），这些都被认为是二阶小量而被舍弃。假设整个系统中不存在外力作用和外部加热，即$(X,Y,Q)=0$，并且背景位温、压强和密度只在垂直方向上有变化。那么方程式（3.1）到方程式（3.6）基于水平均匀静止的背景状态 $\mathrm{d}\bar{w}/\mathrm{d}t=0$ 和背景风场$(\bar{u},\bar{v},0)$可以得到以下方程（Fritts 和 Alexander，2003），即

$$\frac{Du'}{Dt}+w'\frac{\partial \bar{u}}{\partial z}-fv'+\frac{\partial}{\partial x}\left[\frac{p'}{\bar{\rho}}\right]=0 \tag{3.19}$$

$$\frac{Dv'}{Dt}+w'\frac{\partial \bar{v}}{\partial z}+fu'+\frac{\partial}{\partial y}\left[\frac{p'}{\bar{\rho}}\right]=0 \tag{3.20}$$

$$\frac{Dw'}{Dt}+\frac{\partial}{\partial z}\left(\frac{p'}{\bar{\rho}}\right)+g\left(\frac{\rho'}{\bar{\rho}}\right)=0 \tag{3.21}$$

$$\frac{D}{Dt}\left(\frac{\theta'}{\bar{\theta}}\right)+w'\frac{N^2}{g}=0 \tag{3.22}$$

$$\frac{D}{Dt}\left(\frac{\rho'}{\bar{\rho}}\right)+\frac{\partial u'}{\partial x}+\frac{\partial v'}{\partial y}+\frac{\partial w'}{\partial z}-\frac{\partial w'}{\partial H}=0 \tag{3.23}$$

$$\frac{\theta'}{\bar{\theta}}=\frac{1}{c_s^2}\left(\frac{p'}{\bar{\rho}}\right)-\frac{\rho'}{\bar{\rho}} \tag{3.24}$$

其中，随体微商$\frac{D}{Dt}=\frac{\partial}{\partial t}+\bar{u}\frac{\partial}{\partial x}+\bar{v}\frac{\partial}{\partial y}$涉及对局地偏导数加上水平平均风场的平流作用。忽略背景风场的切变（如$\frac{\partial \bar{u}}{\partial z}=0$），并且重力波解为单色扰动形式，有

$$\left(u',v',w',\frac{\theta'}{\bar{\theta}'},\frac{p'}{\bar{p}'},\frac{\rho'}{\bar{\rho}'}\right)=(u',v',w',\hat{\theta},\hat{p},\hat{\rho})\cdot\exp\left[\mathrm{i}(kx+ly+mz-\omega t)+\frac{z}{2H}\right] \tag{3.25}$$

式中：(k,l,m)为3个方向上的波数分量；ω为静止坐标系频率。式（3.19）到式（3.24）可以改写成

$$i\hat{\omega}\hat{u}-f\hat{v}+ik\hat{p}=0 \tag{3.26}$$

$$i\hat{\omega}\hat{v}+f\hat{u}+il\hat{p}=0 \tag{3.27}$$

$$i\hat{\omega}\hat{w}+\left(im-\frac{1}{2H}\right)\hat{p}=-g\hat{p} \tag{3.28}$$

$$-i\hat{\omega}\hat{\theta}+\left(\frac{N^2}{g}\right)\hat{w}=0 \tag{3.29}$$

$$-i\hat{\omega}\hat{\rho}+ik\hat{u}+il\hat{v}+\left(im-\frac{1}{2H}\right)\hat{\omega}=0 \tag{3.30}$$

$$\hat{\theta}=\frac{\hat{p}}{C_s^2}-\hat{\rho} \tag{3.31}$$

重力波的本征频率（固有频率）为$\hat{\omega}=\omega-k\bar{u}-l\bar{v}$，即随着背景运动角度所观察到的频率。式（3.26）至式（3.31）可以组合形成一个垂直速度扰动方程。当方程组系数为零时有非零解，从而得到重力波的频散关系式，即

$$\hat{\omega}^2=\frac{N^2(k^2+l^2)+f^2\left(m^2+\frac{1}{4H^2}\right)}{k^2+l^2+m^2+\frac{1}{4H^2}} \tag{3.32}$$

或者可以转化成为以垂直波数为主的频散方程，即

$$m^2=\frac{(N^2-\hat{\omega}^2)(k^2+l^2)}{\hat{\omega}^2-f^2}-\frac{1}{4H^2} \tag{3.33}$$

式（3.33）重力波频散关系表达式把重力波的固有频率、空间尺度（3 个方向的波数）和背景状态（浮力频率、大气标高）联系起来。其中，浮力频率 N 体现大气的静态稳定性状态，当 $N^2<0$ 时，大气的不稳定会使重力波发生破碎从而将动量释放到背景场中。对于满足稳定性条件可以正常传播的重力波，波数 k、l、m 都为实数，固有频率ϖ会被限制在$[f,N]$的范围内。

浮力频率 N 和科里奥利参数 f 依次定义为

$$N^2=g\frac{\partial\ln\theta}{\partial z}=g\left(\frac{\mathrm{d}T}{\mathrm{d}z}+\frac{g}{c_p}\right) \tag{3.34}$$

$$f=2\Omega\sin\phi \tag{3.35}$$

式中：T 为温度；c_p 为定压比热容；ϕ 为纬度；Ω 为地球自转角速度。

重力波的极化关系也可以从式（3.26）到式（3.31）推导出，即

$$\hat{u}=\left(\frac{i\hat{\omega}k-fl}{i\hat{\omega}l-fk}\right)\hat{v} \tag{3.36}$$

$$\hat{p}=\frac{\hat{\omega}^2-f^2}{\hat{\omega}k+ifl}\hat{u}=\frac{\hat{\omega}^2-f^2}{\hat{\omega}l-ifk}\hat{v} \tag{3.37}$$

$$\hat{\omega}=\frac{\left(m-\frac{i}{2H}\right)}{N^2-\hat{\omega}^2}\hat{p} \tag{3.38}$$

$$\hat{\theta}=\frac{N^2}{i\hat{\omega}g}\hat{\omega} \tag{3.39}$$

其中，式（3.24）与波动的纬向和经向振幅相关。

对于高频重力波，空气质点的振动更加偏向于垂直方向。水平波数和垂直波数的大小相当，科里奥利力可以忽略，这样频散关系可以简化为

$$\hat{\omega}^2=\frac{N^2(k^2+l^2)}{k^2+l^2+m^2+\dfrac{1}{4H^2}} \tag{3.40}$$

对于惯性重力波（低频重力波），地球自转就显得非常重要，在这种情况下波的固有频率$\hat{\omega}$与f大小相当，同时它们的值又远小于浮力频率，同时惯性重力波的水平波长一般比垂直波长大1~2个量级，水平波数远小于垂直波数($k^2+l^2\ll m^2$)。因而，重力波频散关系可以化简为

$$\hat{\omega}^2=N^2\frac{(k^2+l^2)}{m^2}+f^2 \tag{3.41}$$

2. 静态稳定性和浮力频率

和大气重力波关系密切的两个概念是静态稳定性和浮力频率。重力波传播依赖静态稳定的大气，当遇上对流不稳定时，它们就会发生破碎。浮力频率是决定大气重力波固有特性的一个重要因素。背景大气温度和风切变可以通过浮力频率来改变大气重力波的垂直波长。当空气质点偏离了它的初始位置，并且经过绝热过程，那么在这个过程中温度下降与高度的比值被称为温度垂直递减率（lapse rate）。在绝热过程中，空气质点和周围环境没有发生热量交换。所以，热力学第一定律可以改写成一个相对海拔高度的微分方程形式，即

$$\frac{\mathrm{d}(c_p\ln T-R\ln p)}{\mathrm{d}z}=0 \tag{3.42}$$

假设在流体静力平衡$\frac{\mathrm{d}p}{\mathrm{d}z}=-\rho g$以及满足理想气体状态方程，可以得到

$$\frac{\mathrm{d}p}{\mathrm{d}z}=-\rho g=-\frac{p}{RT}g \tag{3.43}$$

结合上面两个方程，干燥大气的绝热温度垂直递减率可以被计算出，即

$$-\frac{\mathrm{d}T}{\mathrm{d}z}=\frac{g}{c_p}=\Gamma_d\approx 9.8℃/\mathrm{km} \tag{3.44}$$

由于空气膨胀，离开平衡位置向上移动的空气质点的温度随着高度会以干燥大气的绝热垂直递减率下降。如果环境温度比空气质点的温度高，那么负方向的浮力就会把空气质点向下拖曳回平衡位置。在这种情况下，相对于该平衡位置的振荡将发生并且波动运动得以传播。大气层处在这种

状态下被认为是静态稳定或者叫稳定分层状态。确定大气稳定性的两个相互作用的因素是干燥绝热递减率和背景大气的递减率。如果背景大气的递减率（$\Gamma=\partial T/\partial z$）小于绝热大气递减率，那么大气是稳定的，因为任何空气质点的扰动都会回复到它的初始平衡位置；否则，大气就是不稳定的。因此，大气的静态不稳定条件是 $\Gamma>\Gamma_d$

在稳定分层的大气环境中，当空气质点围绕它的平衡位置振荡时，它的特征频率就是浮力频率。如果假设空气气团和环境大气的密度分别为 ρ 和 ρ_0，垂直加速度就由重力和浮力决定，有

$$\frac{\mathrm{d}w}{\mathrm{d}t}=\frac{\mathrm{d}^2\delta z}{\mathrm{d}t^2}=g\left(\frac{\rho_0-\rho}{\rho}\right)=g\left(\frac{\theta_0-\theta}{\theta_0}\right) \tag{3.45}$$

对于一个小的垂直位移 δz，位温的变化可以通过下面公式计算，即

$$\theta_0-\theta=-\frac{\mathrm{d}\theta_0}{\mathrm{d}z}\delta z \tag{3.46}$$

这样式（3.45）可以转化为

$$\frac{\mathrm{d}^2\delta z}{\mathrm{d}t^2}=-g\,\frac{\mathrm{d}\ln\theta_0}{\mathrm{d}z}\delta z=-N^2\delta z \tag{3.47}$$

根据这个方程，如果 $N^2>0$，空气质点就会在它的平衡位置周围以周期 $\tau=2\pi/N$ 振荡，如果 $N^2<0$，位移就会随时间以指数方式增加，这就对应不稳定状态。关于静态稳定性和浮力频率，更详细的介绍可以参考 Holton（2004）。

3. 重力波和背景风场相互作用

为了阐述重力波是如何与背景风场发生相互作用的，以重力内波为例，重新梳理了以下频散关系，即

$$\omega=Uk\pm(N\cos\alpha)=Uk\pm\frac{Nk}{(m^2+k^2)^{1/2}} \tag{3.48}$$

$$c_x-U=\pm\frac{N}{m\,(m^2+k^2)^{1/2}} \tag{3.49}$$

$$c_x=\pm\frac{N}{m\,(m^2+k^2)^{1/2}} \tag{3.50}$$

$$c_{gx}=U\pm\frac{Nm^2}{(m^2+k^2)^{3/2}} \tag{3.51}$$

$$c_{gx}=\pm\frac{Nkm}{(m^2+k^2)^{3/2}} \tag{3.52}$$

选择上面的符号为正时，那么当 $m<0$（即向下的相速度），且 $k>0$ 时能够得到向上传播的重力波解，因而能够得出 $c_x>U$。

选择上面的符号为负时，那么当 $m<0$（即向下的相速度），且 $k<0$ 时能够得到向上传播的重力波解。因而能够得出 $c_x<U$。

图 3.6 是上面提到的使重力波能够向上传播的重力波解的示意图。因此，平均纬向风场决定了哪些重力波能够向上传播。山地或者对流能够产生一个广谱的重力波谱，同时有向东和向西传播的波产生，但是背景平均纬向风场决定过滤掉哪些波，阻止其继续向上传播。在夏季，往往向东传播的重力波（$c_x>U$）容易向上传播，而在冬季向西的重力波（$c_x<U$）容易向上传播。同理，行星波（$c_x<U$）在冬季出现。由于惯性重力波的水平尺度远大于垂直尺度（$L_x \gg L_z$），即（$k \ll m$），上面的公式能够改写成

$$c_x=\frac{\omega}{k}=\overline{U}\pm\frac{N}{(m^2+k^2)^{1/2}} \tag{3.53}$$

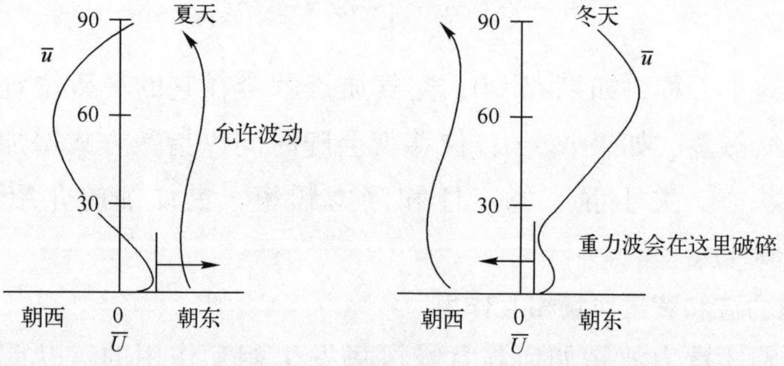

图 3.6　重力波向上传播条件原理（Andrews 等，1987）

可简化为

$$c_x-\overline{U}\approx\frac{N}{m} \tag{3.54}$$

如上面近似假设 $k \ll m$（$L_x \gg L_z$），能够得到垂直波数的近似，即

$$m\approx\frac{N}{c_x-\overline{U}} \tag{3.55}$$

当 $c_x\to\overline{U}$，那么 $m=\frac{2\pi}{L_x}\to\propto$，这种情况发生的高度被称为临界高度

(z_c) 行星波也一样符合这种规律。这种情况下，垂直波长接近于0。

当 c_x 趋于背景风场$\overline{U}$时，群速度（c_g 也将趋于0)，即

$$c_{gz}=\frac{\partial \omega}{\partial m}\approx-\frac{Nk}{m^2};\ m\propto \tag{3.56}$$

临界高度是重力波向上传播的一个屏障。

4. 动量通量和波的破碎

重力波垂直向上传播过程中会携带动量通量（momentum flux)，即水平动量的垂直通量。在到达中高层大气区域，波的破碎过程导致携带的动量被沉积到背景大气，这是从对流层传输动量到更高层大气的有效方法。这种动量传递方法允许波动运动从大气的一个区域传送信息到另一个区域。由于平流层顶和对流层区域大气密度很低，因此动量从对流层垂直向上传递会对中高层大气背景风场产生显著效果。由于重力波中携带着动量，如果它们在向上传播过程中没有发生耗散，那么几乎所有的动量就会被携带到重力波发生破碎的较高高度（Frittsand Alexander，2003)。由于动量通量代表重力波携带的水平动量的垂直通量，因此它是一个矢量，不仅有大小还有方向。动量通量可以用以下公式表示，即

$$c_{gz}=\frac{\partial \omega}{\partial m}\approx-\frac{Nk}{m^2};\ m\propto \tag{3.57}$$

$$(F_{px},F_{py})=\bar{\rho}c_{gz}\frac{\hat{\omega}}{E}(k,l) \tag{3.58}$$

如果假设波动向上传播过程中，通过背景大气很少发生耗散作用，只有垂直方向上的变化，那么动量通量可以表述为

$$(F_{px},F_{py})=\bar{\rho}\left(1-\frac{f^2}{\hat{\omega}^2}\right)(\overline{u'w'},\overline{v'w'}) \tag{3.59}$$

式中：c_{gz}为波的群速度在垂直方向上的分量；E 为重力波的总能量；(u',v',w')为相对于背景风场的波动扰动矢量；F_{px}和F_{py}为在 x 和 y 方向上的动量通量，上面加横线的风场扰动量表示对整个波动周期求时间平均的结果。

由于前文介绍的滤波作用，在中高层大气区域，存在的波动传播方向往往与背景大气风场方向相反。因此，破碎的波动在相应高度上通常减少平均背景风场的大小。通过对风场扰动的实部取时间平均，根据式（3.47）可以得到

$$F_{px} = \bar{\rho}\left(1 - \frac{f^2}{\hat{\omega}^2}\right)\frac{1}{\tau}\int_0^\tau \mathrm{Re}\{u'\}\mathrm{Re}\{w'\} \tag{3.60}$$

式中：τ 为波动的时间周期；$\omega = \dfrac{2\pi}{\tau}$。如果采用重力波波动解的一般形式，有

$$\left(u',v',w',\frac{\theta'}{\bar{\theta}},\frac{p'}{\bar{\rho}},\frac{\rho'}{\bar{\rho}}\right) = (\tilde{u},\tilde{v},\tilde{w},\tilde{\theta},\tilde{p},\tilde{\rho})\exp\left[\mathrm{i}(kx+ly+mz-\omega t)+\frac{z}{2H}\right] \tag{3.61}$$

把 u' 和 w' 的波动形式代入，可以得到

$$F_{px} = \frac{\bar{\rho}}{2}\left(1-\frac{f^2}{\hat{\omega}^2}\right)\mathrm{Re}\{\tilde{u}\tilde{w}^* \mathrm{e}^{z/H}\} \tag{3.62}$$

式中：w^* 为 w 的复共轭形式。然后通过极化关系式，即

$$-\mathrm{i}\hat{\omega}\tilde{\theta}+\frac{N^2}{g}\tilde{w}=0 \tag{3.63}$$

$$\tilde{p}=\left(\frac{\hat{\omega}^2-f^2}{\hat{\omega}k+\mathrm{i}fl}\right)\tilde{u}=\left(\frac{\hat{\omega}^2-f^2}{\hat{\omega}l-\mathrm{i}fk}\right)\tilde{v} \tag{3.64}$$

以及下式，即

$$\tilde{w}=\frac{-\hat{\omega}}{N^2-\hat{\omega}^2}\left(m+\mathrm{i}\left(\frac{1}{2H}-\frac{g}{c_s^2}\right)\right)\tilde{p} \tag{3.65}$$

通过上面 3 个方程，能够得到

$$F_{px} = \left[-1+\frac{\hat{\omega}^2}{N^2}\right]\times\left[1+\frac{1}{m^2}\left(\frac{1}{2H}-\frac{g}{c_s^2}\right)^2\right]^{-1}\times\left[1+\frac{fl}{mk\hat{\omega}}\left(\frac{1}{2H}-\frac{g}{c_s^2}\right)\right]$$
$$\times\frac{1}{2}\bar{\rho}\frac{k}{m}\left(\frac{g}{N}\right)^2|\tilde{\theta}|^2\exp\left(\frac{z}{H}\right) \tag{3.66}$$

以及

$$F_{py} = \left[-1+\frac{\hat{\omega}^2}{N^2}\right]\times\left[1+\frac{1}{m^2}\left(\frac{1}{2H}-\frac{g}{c_s^2}\right)^2\right]^{-1}\times\left[1+\frac{fk}{ml\hat{\omega}}\left(\frac{1}{2H}-\frac{g}{c_s^2}\right)\right]$$
$$\times\frac{1}{2}\bar{\rho}\frac{l}{m}\left(\frac{g}{N}\right)^2|\tilde{\theta}|^2\exp\left(\frac{z}{H}\right) \tag{3.67}$$

把 x 和 y 两个方向上的分量结合起来，就能够得到重力波总的动量通量，即

$$F_{\mathrm{ph}}=\sqrt{F_{px}^2+F_{py}^2} \tag{3.68}$$

水平波数 $k_{\mathrm{h}}^2=k^2+l^2$，这样总动量通量可以表述为

$$F_{\mathrm{ph}}=\left[-1+\frac{\hat{\omega}^2}{N^2}\right]\times\left[1+\frac{1}{m^2}\left(\frac{1}{2H}-\frac{g}{c_{\mathrm{s}}^2}\right)^2\right]^{-1}\times\left[1+\frac{k}{m\hat{\omega}}\left(\frac{1}{2H}-\frac{g}{c_{\mathrm{s}}^2}\right)^2\right]^{\frac{1}{2}}$$

$$\times\frac{1}{2}\bar{\rho}\frac{k_{\mathrm{h}}}{m\hat{\omega}}\left(\frac{g}{N}\right)^2|\tilde{\theta}|^2\exp\left(\frac{z}{H}\right) \tag{3.69}$$

通过之前提到的不同频率重力波的近似，假设固有频率满足以下条件近似 $N\gg\hat{\omega}\gg f$（中频近似），即

$$\hat{\omega}^2=\frac{N^2k_{\mathrm{h}}^2}{m^2} \tag{3.70}$$

通过这种近似能够极大简化动量通量 F_{ph} 的表述，即

$$F_{\mathrm{ph}}=\frac{1}{2}\bar{\rho}\frac{k_{\mathrm{h}}}{m}\left(\frac{g}{N}\right)\left(\frac{T'}{\bar{T}}\right)^2\exp\left(\frac{z}{H}\right) \tag{3.71}$$

这个公式描述了波动在单位面积上产生的力，即以 P_a 为单位表述的动量通量。下面介绍向上传播的重力波在平流层和中间层发生破碎，加速背景风场的过程。

由于密度随高度而变化，理想情况下重力波振幅随着高度变大，$|u'|\sim\exp(z/2H)\sim|c-\bar{u}|$，并且 $\frac{1}{2}\rho_0u'^2$ 近似为常数。这样等熵面逐渐扭曲直到变成准垂直 $\left(\frac{\partial\theta}{\partial z}=0\right)$，从而产生对流不稳定，重力波发生破碎（图 3.7）。对流不稳定性产生局部湍流。更重要的是，波的振幅不再增加，扰动从这个高度向上会逐渐减小。这个高度被称为饱和高度（z_{s}），就是 $\frac{\partial\theta}{\partial z}=0$ 的高度。当纬向相速度 c_x 接近背景纬向风场的速度 U，这个高度就是前面提到的临界高度（z_{c}），临界高度 z_{c} 位于饱和高度 z_{s} 以上。

当 $z<z_{\mathrm{s}}$（没有能量释放）时，有

$$\frac{\partial}{\partial z}(\rho\overline{u'w'})=0 \tag{3.72}$$

当 $z_{\mathrm{s}}<z<z_{\mathrm{c}}$（重力波破碎，能量沉积）时，有

$$\frac{\partial}{\partial z}(\rho\overline{u'w'})\neq0 \tag{3.73}$$

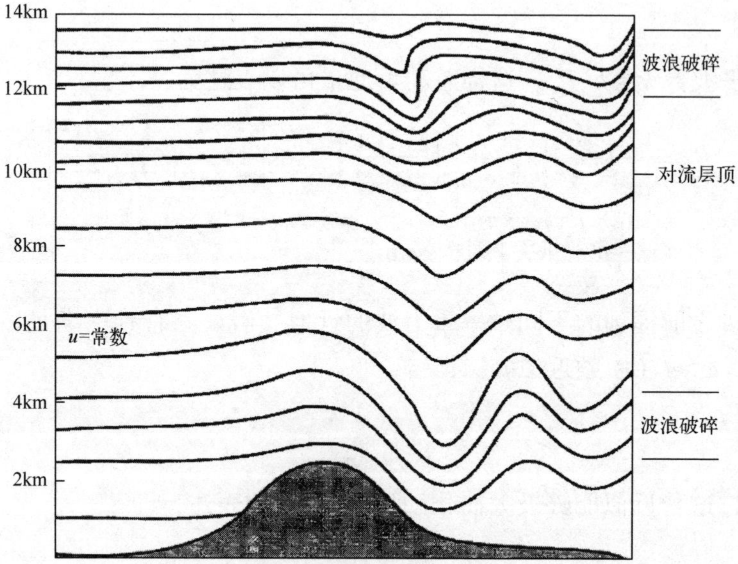

图 3.7 重力波在等熵面上的加速结构（Andrews 等，1987）

这种情况下，重力波的拖曳力和重力波对背景场的作用力发生在饱和高度和临界高度之间。

3.3.2 重力波的波源

由前文介绍的重力波形成的线性理论可知，当大气被外力所作用发生垂直方向上的扰动时就有可能产生重力波。低层大气中，激发重力波最显著的机制包括了地形、对流、风切变、锋面系统以及与地转偏向相关的大气过程，都是比较普遍的重力波源，不同波源激发的重力波无论在时间、空间尺度上还是固有属性方面都存在着显著差别。山地重力波（以下简称山地波）是由于地表风吹过山地或者山脉，水平运动受阻从而出现了垂直运动，引起了大气密度、温度、压力和风场的周期变化而产生的。山地波的显著特性包括 10~100km 的水平尺度以及近似为 0 的相速度（Bacmeister 等，1990）。因此，它们总是倾向于减速平均流动。在对流区的释放潜热能够产生一个随时间和空间变化的热力，通过与稳定大气层的复杂相互作用激发重力波，通常称为对流重力波。与山地波波动的水平尺度和相应的地形尺度相当不同，对流产生的重力波无论是在频率、水平尺度还是垂直尺度上都有非常广的覆盖范围（Fritts 和 Alexander，2003）。由地转调节产生的重力波涉及一个平衡流的恢复机制，当一个初始不平衡的流动松开到一个新的平衡状态，并辐射出多余的能量激发波动，这就是惯性重力波。Guest 等（2000）发现惯性重力波的产生与风切变的天气现象高度相关。与锋生作用和斜压不稳定性相关的地转调节也能够激发惯性重力波（Griffiths 和 Reeder，1996；O′Sullivan 和 Dunkerton，1995：Reeder 和 Griffiths，1996）。这些惯性重力波典型的垂直尺度是从几千米到几十千米，水平尺度大约是垂直尺度的 10~100 倍（Fritts 和 Alexander，2003），周期从几小时到惯性周期的时间（惯性周期与纬度相关）。本节将主要介绍地形和强对流激发的重力波。

1. 地形的激发

当稳定分层的大气遇到山地的阻碍向上抬升就会发展成浮力扰动（buoyancyperturbations），这些扰动往往能够触发从山地向上传播的波动即重力波，由于背景风吹过山地激发的重力波通常被称为山地波（mountain waves，lee wave 或者是 orographic wave）。山地波经常可以形成一些特殊形状的云，如光滑的荚状云或者锯齿状滚轴云等。大振幅山地波可以产生危害航空安全的晴空湍流区域，也能在山脊的背风坡形成向下吹的非常强劲的风场（downslope winds）。同时，动量通量通过山地波，从山表面向上传播到波动耗散破碎的中高层大气区域，同时对相应的大气产生作用，对全球大气环流产生重要作用。地形的大小和形状决定了山地波的基本结构，同时也受温度、风速和湿度的垂直剖面影响。山地波的总体性质可以通过基本的线性理论来预测，在推导过程中需要假定山脉高度相对于山地波的垂直波长来说较小。当然，非线性效应对山地波的振幅有重要影响，并且在山地波破碎耗散过程中不能忽视。此外，从动量通量贡献来说，山地波的主导波长在 10~100km，它的相速度接近于零（相对地面近似静止），垂直波长由背景的静态稳定性和平均风场决定。

由于强山地波都是由狭长的山脉产生的，因此在足够窄的二维山脊下可以忽略科里奥利力的动力学影响。这样的波动可以由稳定的二维 Boussinesq 流体穿过障碍物的线性理论来表示，即线性化的动量，热力学和流体连续性方程可用下面一个关于垂直速度 w 的方程表示，即

$$\frac{\partial^2 w}{\partial x^2}+\frac{\partial^2 w}{\partial z^2}+l^2 w=0 \tag{3.74}$$

式中：z 为垂直于山脊的水平方向坐标；x 为垂直方向坐标；l^2 为 Scorer 参

数，满足

$$l^2=\frac{N^2}{U^2}-\frac{1}{U}\frac{\mathrm{d}^2U}{\mathrm{d}z^2} \tag{3.75}$$

$U(z)$为背景风速。在忽略表面摩擦的影响后，垂直于地形的速度在地形表面应该消失 $z=h(x)$。这个约束为方程提供了下边界条件，可近似表示为相同精度的线性控制方程 $w(x,0)=U\frac{\partial h}{\partial x}$。大气层没有明确的上边界可以用极限形式表示为 $z\to\propto$。为了方程有物理解，必须满足其他一些依赖条件。

对于线性理论方程求解之前已经作了分析。下面对于波解做简要分析，因为山地波是一种准静止波，所以 $\omega=0$，由此可得

$$\Omega=\omega-\boldsymbol{k}u_0=-\boldsymbol{k}u_0 \tag{3.76}$$

因此，计算固有相速度 c_{I}，即

$$c_{\mathrm{I}}=\frac{\Omega}{\boldsymbol{k}}=\frac{-\boldsymbol{k}u_0}{\boldsymbol{k}}=-u_0 \tag{3.77}$$

因为 $\boldsymbol{k}$ 是山地波的传播方向矢量，所以水平波数可以写成

$$\boldsymbol{k}=-|\boldsymbol{k}|\mathrm{sgn}(u_0) \tag{3.78}$$

从这个结果看，山地波的传播可能存在两个方向，即与背景风场反向以及与背景风场同向。根据方向的差别，可以把地形波分成两种，即背风波和地形波。

2. 对流的激发

目前研究发现对流产生重力波主要有 3 种机制，即“深层加热”(deep heating)、“振荡”(oscillator) 和“障碍效应”(obstacle effect)。事实上，这些机制只是重力波产生过程的理想化简化，在大多数实际情况下，对流重力波都是通过这几种机制以及一些未知的机制非线性作用相互耦合产生的。近些年试图通过模式模拟重力波的产生表明，这些机制驱动力与背景环境之间还存在着复杂的关系（Beres 等，2002；Song 等，2003）。模式结果还显示，背景风场的过滤机制，即背景风场作为减少或者增加传播的重力波携带的动量通量的机制，从波源激发开始可以进一步影响重力波的传播过程。对流产生重力波的这些机制的结果主要借助于模式和观测数据对热带气旋环境的探测模拟。

“深层加热”机制假设波动驱动力是时间依赖，局部空间的潜热是从

对流风暴中释放（Holton 等，2002）。各种研究表明“深层加热”机制激发的重力波的主导垂直波长大致在 2~4 倍加热深度范围内。这个结果依赖于暴风雨中的非绝热加热的水平尺度和时间尺度。重力波从波源垂直向上传播过程中，波动与浮力频率成反比增长（浮力频率表征垂直偏离平衡位置的空气气团发生的振荡产生的频率）。当重力波越过对流层顶浮力频率会加倍（由于从对流层到平流层位势温度的性质发生了改变），反过来，垂直波长会被折射成原始值的一半。图 3.8 给出一次热带气旋事件中模拟的浮力频率垂直剖线，可以发现对流层顶出现在大约 13km 的高度，平流层区域的浮力频率大约是对流层区域的 2 倍，重力波可以被背景风场进一步折射。研究发现，在没有实质性背景风场存在的情况下，平流层稳定状态的大气重力波垂直波长集中在 2 倍的加热深度（e. g. Mapes，1993；Pandya 和 Alexander，1999；Vadas 等，2003）。基于这种机制，Chun 和 Baik（1998）提出了一种重力波参数化过程，模拟积云对流激发的准静止重力波的作用。近来，Chun 和 Baik（2002）用真实的背景环境数据完善了之前的参数化过程，包含了基本状态的风切变以及对流区以上区域的稳定性差异状态。

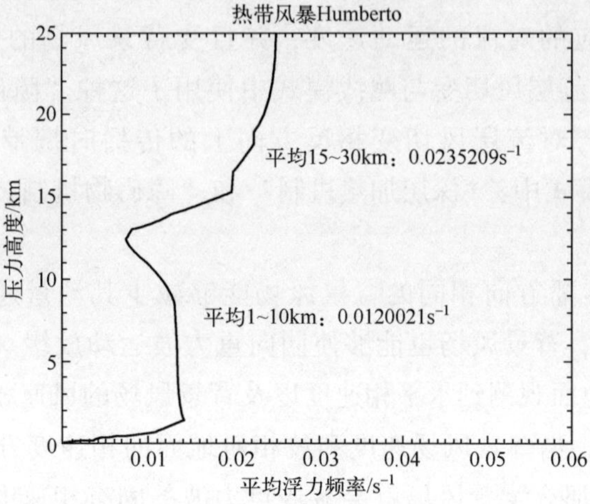

图 3.8　浮力频率的垂直剖线图（Kuester，2007）

Pierce 和 Coroniti（1966）最早提出了对流重力波的机械振荡机制。Fovell 等（1992）通过基于机械振荡参数的简单数值模拟解释了中纬度飑线产生的平流层重力波的特点。这种机制的物理基础是，在对流风暴活动中发生强对流抬升刺激了稳定的平流层结构，从而在云层上产生重力波。对流单体作为机械振荡器同时也是一个非稳定非绝热力，甚至可以在相对于对流单体零背景风速情况下产生重力波。Alexander 等（1995）发现从对流重力波的波谱分析得出的主导波动周期对应于对流单体的再生周期，并且能够通过机械振动机制产生的重力波谱解释。Lane 等（2001）为了检验对流产生的重力波的激发机制，模拟了热带地区三维多对流系统，然后分析了线性波动方程的来源解。发现在模拟的对流系统中非线性平流相关的波源占据主导地位，而不是潜热释放类型的波源机制，从而强调了机械振荡机制在对流重力波系统中的作用，因为非线性波源在中性浮力高度达到最强，而在这个区域强对流发生强烈的向上抬升过冲过程。

“障碍效应”机制表明，一个对流风暴的突起可以作为背景风场的障碍，通过类似地形形成山地波的形成机制，在背景风场中创造一个障碍从而产生重力波，这种机制也被形象地称为“移动的山”（moving mountains）（Pfister 等，1993）。和山地波类似，重力波的振幅和初始传播方向依赖于“山”的高度以及相对于“山”的背景风场矢量方向。因为对流可以相对于地面移动，因此产生的重力波并不是相对于地面静止的，重力波的固有相速度等于对应的对流的运动速度，并且受背景风场的影响。Beres 等（2002）在其对流层风切变与飑线模式中使用了这种“障碍物机制”，来解释重力波在与对流层风切变相反方向上的传播时携带更高的动量通量。在他们的模式中，“深层加热机制”和“障碍物机制”一道产生对流重力波。

跟重力波传播方向相同的背景风场能够减少其动量通量（Beres 等，2002）。类似地，背景风场也能够使同向重力波运动放缓。重力波的固有水平相速度跟地面观测到水平相速度以及背景风场的风速相关，可以表示为$\hat{c}_{\mathrm{H}}=c_{\mathrm{H}}^{\mathrm{ground}}-\bar{u}_{\mathrm{H}}$。当背景风场速度和波相对地面的相速度方向一致时（如速度都为正），那么背景风场就会减弱重力波的固有相速度。当波到达临界高度时（$c_{\mathrm{H}}^{\mathrm{ground}}=\bar{u}_{\mathrm{H}}$），重力波的传播就会停止。在这种情况下，背景风场的效果就是减慢了重力波的传播。当背景风场和重力波传播方向相反时，从上面公式可以推出重力波的固有相速度增加了。这种效应可以造成中心波源产生的重力波向上传播，因为背景风场的作用最后呈现出不对称的重力波结果（如半环形对流重力波）。

3.3.3　射线追踪

射线追踪技术被广泛运用于中高层大气重力波波源的研究。射线追踪模型允许风、密度和其他背景参数随着高度和水平位置缓慢变化，研究背景风和温度变化对重力波传播的影响，这项工作涉及大气重力波的可能来源，将射线追踪技术纳入分析是有指导意义的。

波的频散关系 $\omega(k,l,m,x,y,z)$，(x,y,z) 是位置矢量，t 是时间，以下方程描述了波矢量沿射线的路径和折射，其中时间导数遵循射线包的群运动。

射线路径的方程为

$$\frac{\mathrm{d}x}{\mathrm{d}t}=\frac{\partial \omega}{\partial k} \tag{3.79}$$

$$\frac{\mathrm{d}y}{\mathrm{d}t}=\frac{\partial \omega}{\partial l} \tag{3.80}$$

$$\frac{\mathrm{d}z}{\mathrm{d}t}=\frac{\partial \omega}{\partial m} \tag{3.81}$$

射线路径的折射方程为

$$\frac{\mathrm{d}k}{\mathrm{d}t}=-\frac{\partial \omega}{\partial x} \tag{3.82}$$

$$\frac{\mathrm{d}l}{\mathrm{d}t}=-\frac{\partial \omega}{\partial y} \tag{3.83}$$

$$\frac{\mathrm{d}m}{\mathrm{d}t}=-\frac{\partial \omega}{\partial z} \tag{3.84}$$

这些方程都是最简形式，显示了基于地面群速度和波矢量是如何被空间变化的风和温度修正的。在应用中，可以有几条射线，每条射线代表不同的起源或初始条件。对于每条射线，都指定了初始经度、纬度、海拔高度、水平波数(k_0,l_0)和初始基于地面频率 ω_0。使用这些值可以通过频散关系计算 m_0。式（3.79）和式（3.80）忽略了声波项。因此，射线追踪是在假设大气风和温度在 x 和 y 上是空间不变的和时间不变的情况下进行的。由此产生的方程使用 $\Delta=k^2+l^2+m^2+\alpha^2$，其中 $\alpha=\frac{1}{4H^2}$。

波包的振幅通过波动方程计算，有

$$\frac{\mathrm{d}x}{\mathrm{d}t}=u+\frac{k(N^2-\omega^2)}{\omega\Delta} \tag{3.85}$$

$$\frac{\mathrm{d}y}{\mathrm{d}t}=v+\frac{l(N^2-\omega^2)}{\omega\Delta} \tag{3.86}$$

$$\frac{\mathrm{d}z}{\mathrm{d}t}=-\frac{m(\omega^2-f^2)}{\omega\Delta} \tag{3.87}$$

$$\frac{\mathrm{d}m}{\mathrm{d}t}=-ku_z-lu_z-\frac{N_z^2(k^2+l^2)-\alpha_z^2(\omega^2-f^2)}{\omega\Delta} \tag{3.88}$$

式（3.88）中下标 z 表示给定量对 z 的空间导数。沿射线路径的波包的位置和振幅在时间和空间上向前计算。注意到背景风速可以在时间和位置上缓慢变化。

3.3.4 重力波分布特征及可能影响机制

平流层大气重力波与多种不同尺度天气现象均有密切联系，影响全球大气环流，影响大尺度气候变化和各类中尺度天气系统。曾炫云（2009）使用 COSMIC 系统的 GPS 卫星掩星观测技术提供的温度廓线，研究了青藏高原上空平流层中 10~30km 高度上的重力波的势能从 2007 年至 2015 年间的变化，发现随着高度的增加，由对流引起的平流层重力波的势能会下降。该地区可能存在明显的地形激发产生的重力波。在以往被认为缺乏强的地形重力波活动的青藏高原地区，所有研究年份的春季和冬季都存在明显的重力波活动。在青藏高原所处的纬度带，重力波势能的大小与各个高海拔地区的地形高度有一定的对应关系。并且随着重力波向上传播到零风层区域，地形重力波的活动被风场迅速过滤。分析表明，在青藏高原地区存在明显的地形重力波的激发，并在向上传播至平流层顶部的过程中受到风场较大的影响。重力波的振幅、势能和动量通量表现出明显的季节变化特征，尤其在夏季的亚热带和冬半球的高纬度地区最大。重力波参数与北半球山地区域海拔高度的比较表明，除了已被大量研究的地形重力波的热点地区（如安第斯山脉）外，地形重力波在北半球的中高纬度地区表现也很活跃。

左同连等（2021）利用基于 PANGAEA 数据中心提供的 2002—2015 年逐月平流层重力波参数资料和 SPARC 数据中心提供的 1992—1997 年逐月纬向风资料，分析了平流层重力波扰动温度、垂直波长、水平波数和绝对动量通量 4 个参数的时空分布特征及可能影响机制，研究表明：①对于重力波参数的纬向平均分布，平流层重力波扰动温度和垂直波长随高度增加而增大，而水平波数和绝对动量通量则相反，随高度增加而减小；在赤道附近全年存在重力波参数的低值区，只会随着季节有较小的南北移动；在夏半球的中低纬度和冬半球的高纬度存在重力波参数的大值区，而同一个季节相对比，南半球的重力波参数普遍比北半球要大。②水平分布上，平流层重力波参数在纬向近似呈现带状分布，大致与纬向风场相对应，参数的强弱随季节而变化；在相同纬度上，大陆地区的重力波参数要比海洋地区大，特别是山脉地区，可能原因是陆地对重力波的激发有重要影响。③平流层纬向风与重力波参数分布具有一致性，重力波参数分布与全球纬向风场相对应，这表明，背景风对大气的扰动是重力波参数的可能影响机制之一。

参考文献

[1] Andrews D G，Holton R，Leovy C B. Middle atmosphere dynamics [M]. New York：Academic Press，1987.

[2] Angelats，i Coll M，Forbes J M. Nonlinear interactions in the upper atmosphere：the s= 1 and s= 3 nonmigrating semidiurnal tides [J]. Geophys. Res. 2002，107，A8.

[3] Bacmeister J T，Schoeberl M R，Lait L R，et al. 1990a small-scal waves encountered during AASE [J]. Geophys. Res. Lett.，1990，17：349-352.

[4] Bacmeister J T，Schoeberl M R，Lait L R，et al. 1990b ER-2 mountain wave encounter over Antarctica：Evidence for blocking [J]. Geophys. Res. Lett.，1990，17：81-84.

[5] Chang L C，Pale S E，Liu H L，et al. Response of thethermosphere and ionosphere to an ulna fast Kelvin wave [J]. Geophys. Res.，2010，115，A00G04.

[6] Forbes J M，Zhang X. Quasi 2-day oscillation of the ionosphere：A statistical study [J]. Atmos. Solar. Terr. Phys.，1997，59：1025-1034.

[7] Forbes J M. Wave coupling between the lower and upper atmosphere：case study of an ultra-fast Kelvin Wave [J]. Atmos. Sol-Terr. Phys.，2000，62 (17-18)，1603-1621.

[8] Fritts D C，Alexander M J. Gravity wave dynamics and effects in the middle atmosphere [J]. Reviews of geophysics，2003，41 (1).

[9] Holton J R. On the frequency distribution of atmospheric Kelvin waves [J]. Atmos. Sci.，1973，30 (3)，499-501.

[10] Holton J R. An introduction to dynamic meteorology (International geophysics series [M]. San Diego. New York: Academic Press, 1992.

[11] Herman R L, Robinson W A, Franke S J. Observational evidence of quasi two-day/gravity wave interaction using MF radar [J]. Geophys. Res. Lett., 1999, 26 (8), 1141-1144.

[12] Hagan M E, Forbes J M. Migrating and nonmigrating diurnal tides in the upper atmosphere excited by tropospheric latent heat release [J]. Journal of Geophysical Research Atmospheres, 2003, 18 (A2): 1062-1075.

[13] Jhuang H K, Tsai T C, Lee L C, et al. Ionospheric tidal waves observed from global ionosphere maps: Analysis of total electron content [J]. Geophys. Res.: Space Physics, 2018, 123 (8), 6776-6797.

[14] Thayaparan T, Hocking W K, MacDougall J, et al. Simultaneous observations of the 2-day wave at London (43N, 81W) and Saskatoon (52°N, 107°W) near 91 km altitude during the two years of 1993 and 1994 [J]. Ann. Geophys., 1999, 15 (10), 1324-1339, doi: 10.1007/s00585-997-1324-3.

[15] Lima L M, Batista P P, Takahashi H, et al. Quasi-two-day wave observed by meteor radar at 22.7 degrees S [J]. Atmos. Sol. Terr, Phys., 2004, 66 (6-9), 529-537, doi: 10.1016/j.jastp.2004.01.007.

[16] Liu H L, Talaat E R, Roble R G, et al. The6.5-day wave and its seasonal variability in the middle and upper atmosphere [J]. Geophys. Res., 2004, 109 (D21), D21112, doi: 10.1029/2004jd004795.

[17] Li T, She C Y, Palo S E, et al. Coordinated lidar and TIMED observations of the quasi-two-day wave during August 2002-2004 and possiblequasi-biennial oscillation influence [J]. Adv. Space Res., 2008, 41 (9), 1462-1470, doi: 10.1016/j.asr.2007.03.052.

[18] Li T, Leblanc T, Mc Dermid L S. Interannual variations of middle atmospherictemperature as measured by the JPL lidar at Mauna Loa Observatory, Hawaii (19.5°N, 155.6°W) [J]. Geophys. Res., 2008, 113 (014), D14109, doi: 10.1029/2007JD009764.

[19] Limpasuvan V, Wu D L. Anomalous two-day wave behavior during the 2006 austral summer [J]. Oeophys. Res. Lett., 2009, 36 (4), L04807, doi: 10.1029/200891036387.

[20] Niranjan Kumar K, Taori A, Sathishkumar S, et al. On the linkage of mesospheric planetary waves with those ofthe lower atmosphere and ionosphere: A ease study from Indian low latitudes [J]. Geophys. Res., 2012, 117 (A11), A11303, doi: 10.1029/2012ja018139.

[21] Pedatella N M, Forbes J M. The quasi 2 day wave and spatial-temporal variability of the OH emission and ionosphere [J]. Geophys. Res., 2012, 117 (A1), A01320, doi: 10.1029/201 lja017186.

[22] Pedatella N M, Liu H L. Tidal variability in the mesosphere and lower thermosphere due to the El Nino-Southern Oscillation [J]. Geophys. Res. Lett., 2012, 39 (19), L19802,

doi：10.1029/2012GL053383.

[23] Pancheva et al. Global-scale tidal variability during the PSMOS campaign of June-August 1999：interaction with planetary waves [J]. Atmos. Sol. Terr. Phys.，2002，64，1865-1896，doi：10.1016/S1364-6826（02）00199-2.

[24] Pancheva D M. et al. Variability of the quasi-2-day wave observed in the MLT regionduring the PSMOS campaign of June-August 1999 [J]. Atmos. Sol. Terr. Phys.，2004，66（6-9），639-565，doi：10.1016/j.jastp.2004.01.008.

[25] Palo S E，Forbes J M，Zhang X，et al. An eastward propagating two-day wave：Evidence for nonlinear planetary wave and tidal coupling in the mesosphere and lower thermosphere [J]. Geophys. Res. Lett.，2007，34（7），L07807，doi：10.1029/2006gl027728.

[26] Rodgers C D，Prata A J. Evidence for a Traveling 2-Day Wave in the Middle Atmosphere [J]. Geophys. Res.，1981，86（No10），9661-9664，doi：10.1029/Jc086ic 10p09661.

[27] Raggin D M，Lieberman R S，Vincent R A. et al. The 2-day wave during the boreal summer of 1994 [J]. Geophys. Res：Atmospheres，2004，109，D08110，doi：10.1029/2003JD004493.

[28] McCormack J P，Coy L，Hoppel K W. Evolution of the quasi 2-day wave during January 2006 [J]. Geophys. Res.，2009，114（D20），D20115，doi：10.1029/2009jd012239.

[29] McCormack J P，Eckermann S D，Hoppel K W. et al. Amplification of the quasi-two day wave through nonlinear interaction with the migrating diurnal tide，Geophys [J]. Res. Lett.，2010，37（16），L16810，doi：10.1029/2010gl043906.

[30] Gu S Y，Li T，Dou X，et al. Observations of Quasi-Two-Day wave by TIMED/SABER and TIMED/TIDI [J]. Geophys. Res.，2013，118，1624-1639，doi：10.1002/jgrd.50191.

[31] Gu S Y，Li T，Dou X，et al. Long-term observations of the quasi two-day wave by Hawaii MF radar [J]. Geophys. Res. Space Physics，2013，118，7886-7894，doi：10.1002/2013JA018858.

[32] Walterscheid R L，Vincent R A. Tidal generation of the phase-locked 2-day wave in the southern hemisphere summer by wave-wave interactions [J]. Geophys. Res.，1996，101（D21），26567-26576，doi：10.1029/96jd02248.

[33] Salby M L. The 2-Day Wave in the Middle Atmosphere：Observations and Theory [J]. Geophys. Res.，1981，86（C10），9654-9660，doi：10.1029/Jc086iclop09654.

[34] Salby M L. Rossby Normal Modes in Nonuniform Background Configurations. Part II. Equinox and Solstice Conditions [J]. Atmos. Sci. 1981，38（9），1827-1840，doi：10.1175/1520-0469（1981）038<1827：RNM/NB>2.0.CO；2.

[35] Salby M L，Hartmarm D L，Bailey P L，et al. Evidence for Equatorial Kelvin Modes in Nimbus-7 LIMS [J]. Atmos. Sci.，1984，41（2），220-235，doi：10.1 l 75/1520-0469（1984）04l<0220：EFEKMI>2.0.CO；2.

[36] Salby M L, Garcia R R. Transient Response to Localized Episodic Heating in theTropics. Part I: Excitation and Short-Time Near-Field Behavior [J]. Atmos. Sci., 1987, 44 (2), 458-498, doi: 10.1175/1520-0469 (1987) 044<0458: TRTLEH>2.0.CO; 2.

[37] Salby M L, Callaghan P F. Seasonal Amplification of the 2-Day Wave: elationship between Normal Mode and Instability [J]. Atmos. Sci. 2001, 58 (14), 1858-1869, doi: 10.1175/1520-0469 (2001) 058%3C1858: SAOTDW%3E2.0.CO; 2.

[38] Wu D L, Hays P B, Skinner W R, et al. Observations of the Quasi 2-Day Wave from the High-Resolution Doppler Imager on Uars [J]. Geophys. Res. Lett., 1993, 20 (24), 2853-2856, doi: 10.1029/93g103008.

[39] Wu D L, Hays P B, Skinner W R. Observations of the 5-Day Wave in the Mesosphere and Lower Thermosphere [J]. Geophys. Res. Lett., 1994, 21, 2733-2736.

[40] Wu D L, Fishbein E E, Read W G, et al. Excitation and Evolution of the Quasi-2-Day Wave Observed in UARS/MLS Temperature Measurements [J]. Atmos. Sci. 1996, 53 (5), 728-738, doi: 10.1175/1520-0469 (1996) 1053<0728: EAEOTQ>2.0.CO; 2.

[41] Tunbridge V M, Sandford D J, Mitchell N J. Zonal wave numbers of the summertime 2 day planetary wave observed in the mesosphere by EOS Aura Microwave Limb Sounder [J]. Geophys. Res., 2011, 116 (D11), D11103, doi: 10.1029/2010jd014567.

[42] Teitelbaum H, Vial E. On Tidal Variability Induced by Nonlinear-Interaction with Planetary-Waves [J]. Geophys. Res, 1991, 6 (A8), 14169-14178, doi: 10.1029/91ja01019.

[43] 姜国英，徐寄遥，史建魁，等．我国海南上空中高层大气潮汐风场的首次观测分析[J]．科学通报，2010，55（10）：923-930.

[44] 左同连，李永炽，陈鹏．平流层大气重力波时空分布特征及其可能影响机制［J］．气象与减灾研究，2021，44（2）：87-96.

[45] 曾炫云．基于COSMIC无成电掩星观测的中高层大气重力波特性研究［D］．合肥：中国科学技术大学，2009.

第 4 章
中高层大气重要现象

中高层大气中存在很多重要的大气现象，如赤道地区风场准两年振荡现象（quasi-biennial oscillation，QBO）、平流层爆发性增温现象（sudden stratospheric warming，SSW）等。中高层大气在整个大气系统的研究中具有举足轻重的地位，一方面是由于有丰富的物理现象发生在中高层区域，对人类活动有重要影响；另一方面则是对该区域的探测对空间技术的进步具有重要意义。

4.1 平流层风场准两年振荡

赤道地区平流层（在 16~50km 高度）中，纬向平均风场呈现一个周期性的东西向交替振荡的现象，并以 1km 每月的速度向下传播，这种现象称为准两年振荡现象（quasi-biennial oscillation，QBO）。QBO 是赤道地区平流层中最显著的动力学现象，它的振荡重复周期为 22~34 个月，平均周期 28 个月，不同位相下的振幅并不一致，其中 QBO 东风位相的振幅相比西风位相的振幅要更大一些。QBO 信号除了存在于热带平流层的纬向风场中，由于热成风平衡的关系，热带平流层的温度场中也存在 QBO 现象，QBO 所造成的温度变化在赤道上的分布沿经向对称，且由赤道向外振幅逐渐递减，温度中 QBO 的信号最大范围可以达到南北纬 15°~20°。除了在热带平流层的纬向风场和温度场中存在 QBO 信号外，QBO 伴随的次级经向环流还可影响平流层中低纬度地区的大气成分分布，进而在一些大气成分中也产生 QBO 信号，大量的研究已发现，QBO 信号存在于平流层大气中的多种化学物质（如 O_3、CH_4、H_2O、NO_x）中。总之，热带平流层中 QBO 不但通过调节风场、温度场以及经圈环流来影响中高纬区域的平流层大气环流和热力结构，也可以直接或间接影响平流层、对流层物质交换（stratosphere-troposphere exchange，STE）以及对流层的天气和气候，针对 QBO 的研究对于深入了解对流层、平流层动力耦合具有重要的意义。

4.1.1 准两年振荡现象的发现与成因分析

最早实现对赤道地区平流层风场的观测是通过 1883 年的喀拉喀托火山爆发。火山爆发产生的碎片被冲上平流层，并在两周时间内完成从东向西的环球运动，这些火山碎片的运动情况被记录下来并成为首次的平流层风场观测数据。1908 年，德国气象学者 A. Berson 通过在非洲某地释放气球发现，15km 左右的平流层顶的风场发生从西向到东向的变化，他的发现被称为“Berson 西风带”。1954 年 Palmer 通过分析马歇尔群岛附近高层大气的声音数据（监测核试验产生的放射性尘埃），同样发现了平流层风向会随着时间而变化，但是并没有得出准确的周期。QBO 现象的最初发现应该归功于 R. J. Reed 和 R. A. Ebdon，他们使用 Canton 岛上的无线电探空仪数据，分析指出了该岛上空 30km 左右东西向风场交替的现象，并具有 1km 每月的下行速度和 26 个月的振荡周期（Reed 等，1961）。Ebdon 和 Veryard（1961）则在此基础上指出振荡周期的变化范围为 25~27 个月，同时他们也对其他赤道地区无线电探空仪站点的数据进行了分析。他们指出 QBO 振荡现象普遍存在于整个赤道地区，并给出了 10~60hPa 的 QBO 高度区间。此外，他们还发现该区域温度与风场有近似的变化。

随着长周期观测的进行，Angell 和 Korshover（1964）正式为这种现象命名为准两年振荡现象，缩写为 QBO。图 4.1 很好地展示了 QBO 的动力学特征，交替的风场具有 22~34 个月的振荡周期，东向切变区域（东向风随高度增加）比西向切变区域下降的更迅速，东向风的振幅大约为 20m/s，从 5hPa 几乎一直保持到了 40hPa。但是当高度低于 50hPa 时，东向振幅迅速减小。平流层顶区域（1hPa）QBO 振幅减小到大约 5m/s。QBO 的振幅以赤道为 0 点，在南北纬 12°之间呈现准高斯分布特征，但是相位的分布则与纬度无关（Wallace，1973）。

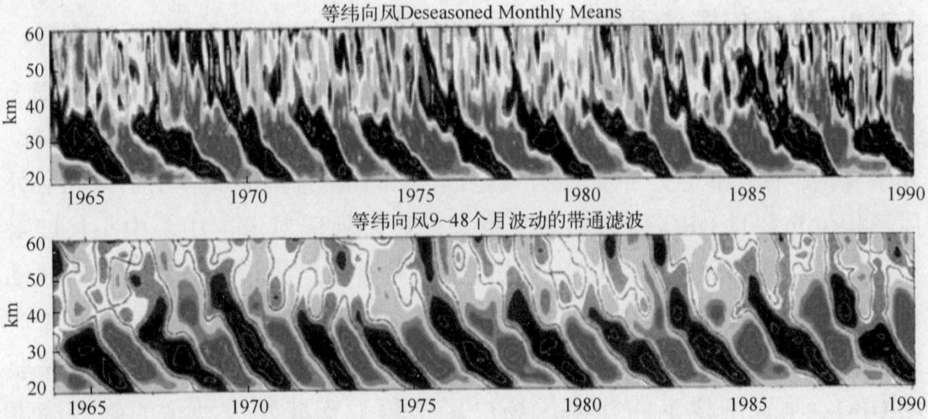

图 4.1　观测数据中的 QBO 风场形态

注：上图为 1964—1990 年月平均纬向风场随高度时间的分布，下图在上图基础上进行 9~48 个月周期波动的带通滤波。31km 以下的数据来自多个探空气球站点，31km 以上数据来自于探空火箭（Baldwin 等，2001）。

Wallace 和 Holton（1968）想尝试在数值模式中驱动 QBO，模式中包含了热源和向赤道传播的行星尺度波动。他们最终得出结论，侧向（中高纬度地区）的动量输入并不能解释为什么 QBO 能够在保持振幅的情况下有一个向下的传播速率。他们最初的模拟工作非常有启示意义，使人们意识到在数值模式中再现 QBO 的唯一方法就是需要有一个随着赤道平均风场下行的驱动力，同时 QBO 不是被赤道以外的驱动力所驱动的。Booker 和 Bretherton（1967）提出 QBO 的产生可能是由于吸收了临界区域破碎的重力波动量通量，这个理论被 Lindzen（1987）更详细地阐释了。Lindzen 以敏锐的洞察力察觉到垂直传播的重力波确实能够为 QBO 的激发提供必要的驱动力。Lindzen 和 Holton（1968）使用一个二维数值模式，展示了 QBO 是如何被一个垂直传播的宽谱重力波所驱动。这支重力波的相速度同时包含东向和西向，并考虑了波流相互作用的反馈机制。反馈机制的第一个部分是背景流对波传播的影响，另一个部分则是重力波携带的动量通量对背景流的影响。Lindzen 和 Holton 的模式通过一个简单的参数化来实现了这种反馈机制，模式中生成的近似 QBO 振荡（QBO-like oscillation）具有一个下行的东西交替的风场形态。他们工作中的一个重要推论是 QBO 的周期受到重力波携带的动量通量的调制，因此他们认为，QBO 的周期接近周年振荡（annual oscillation）的 2 倍也许是一个巧合。

4.1.2 准两年振荡现象的特征和全球影响

图 4.2 给出的是北半球冬天 QBO 形态中动力学示意，图的纬度范围为 90°S 至 90°N，横跨整个地球，高度范围从近地面一直延伸到 100km 高度，几乎囊括了整个低层、中高层大气范围。图中较为详细地展示了 40hPa 处风场相位交替时 QBO 整体动力学形态。热带地区对流层中，中小尺度对流和行星尺度的现象频繁发生，这产生了具有很宽频谱的波动，这些波动包括赤道特征波和一些中小尺度重力波。这些波具有不同的垂直和水平波数、相速度。上行的波动向平流层中释放东向和西向的动量，并以此来驱动 QBO。垂直剖线上的纬向风场决定了每一支波释放动量的临界高度（critical level），而这些临界高度依赖于 QBO 的切变区域，即 QBO 风场转向的位置。有一部分重力波能够穿过整个平流层而到达中间层区域，最终在中间层顶区域产生一种类似于 QBO 的现象，这种现象被命名为中间层 QBO 或者 MQBO。在稍高的纬度上，周年振荡（AO）更为显著，这些 AO 的风场一般在北半球冬季表现为强烈的东向。从赤道低平流层区域向北，赤道特征波明显地改变了北半球中纬度地区的行星波特征，如图 4.2 所示（红色箭头），这些行星尺度波会更偏向赤道地区。QBO 纬向风场的结构还会使一部分中纬波动偏向极区，在那里通过波的汇聚来减缓纬向平均流。因此，45°N 以北的极地涡旋会表现出较弱的东向风场（也会有风向为西向的异常现象）。高纬度地区的风场异常能够穿透对流层顶而到达对流层（图 4.2 中 70°N 左右对流层顶以下的青蓝色区域），这也间接地为 QBO 影响对流层的天气提供了例证。

除了风场特征以外，QBO 也具有鲜明的温度特征，QBO 温度特征不同于风场，并不局限于赤道地区，在较高纬区域也比较显著。热带温度场的 QBO 符合热风平衡条件，并伴随着垂直风切变，这个过程遵循赤道的 β 平面平衡（Andrews 等，1987），即

$$\frac{\partial u}{\partial z}=-\frac{R}{H\beta}\cdot\frac{\partial^2 T}{\partial y^2} \tag{4.1}$$

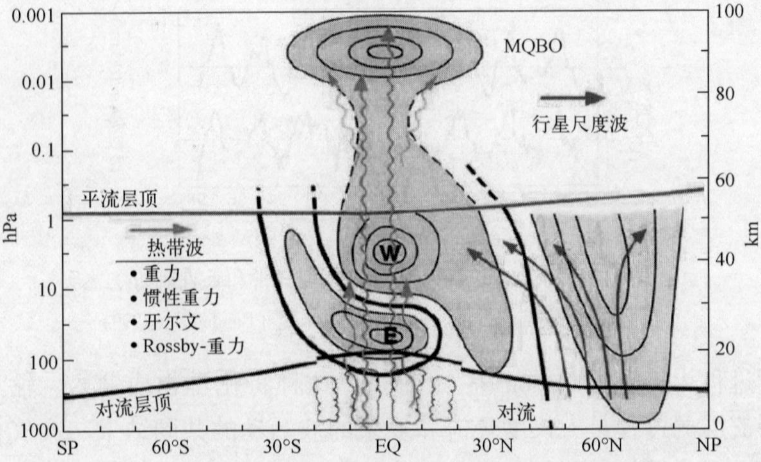

图 4.2　北半球冬天 QBO 形态的动力学示意图（见彩插）

注：橙色箭头标识出多种上行赤道特征波（混合罗斯贝波、重力波、开尔文波、惯性重力波），红色箭头为从中纬到高纬度地区的行星尺度波动，两者共同作用于赤道平流层区域。黑色廓线为纬向平均风场东西相位的分界线，西向风场为蓝色，东向风场为粉红色。中间层 QBO（MQBO）的所在高度为 80km 左右，50~80km 黑虚线的风场廓线的意义为该区域的风场缺乏观测支持。图片来源（Baldwin 等，2001）

式中：u 为纬向风；T 为温度；z 为对数坐标下的压力高度；y 为纬度；R 为干燥空气的大气常数；H 为大气标高（scale height，在平流层区域约为 7km）；β 为地转偏向力参数。对以赤道为中心，纬向尺度为 L 的 QBO 现象来说，热风平衡可以近似为

$$\frac{\partial u}{\partial z} \sim \frac{R}{H\beta}\frac{T}{L^2} \tag{4.2}$$

赤道低平流层 QBO 现象引起的温度异常变化范围为±5K，极值出现在 30~50hPa 的高度。图 4.3 所示为新加坡站 1978—1999 年的温度变化和垂直风切变（去除了季节性变化引起的波动），两者有非常良好的相关性。对应式（4.2），可以估算出热风平衡的纬度尺度范围为 1000~1200km（大约 10°）。除了赤道地区 QBO 伴随明显温度起伏外，卫星数据还证实了南、北纬 20°~40°之间温度变化也与 QBO 有着良好的相关性。高纬度地区温度异常的发生季节具有同步性，主要发生在每个半球的冬季和夏季。

QBO 纬向平均风场变化与纬向平均经圈环流（zonally averaged mean meridional cirulation）也有一定的耦合关系。这个气象学上的环流以热带地区大尺度上升流，中纬平流层区域丰富的极区输送和高纬度地区对流层下

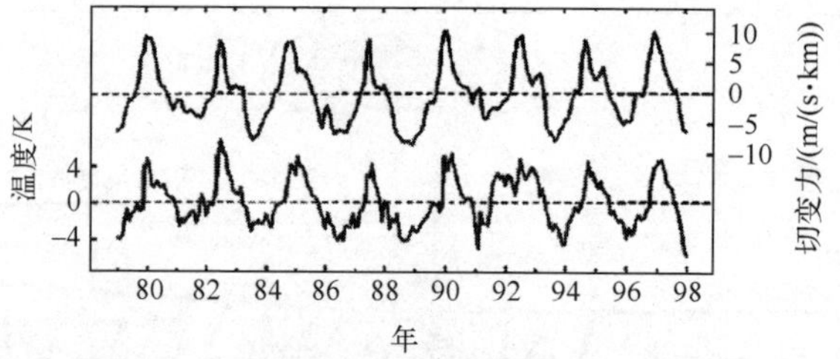

图 4.3　赤道地区 QBO 引起的温度异常和垂直风切变

注：数据高度范围为 30~50hPa，图片来源（Randel 等，1999）

沉补偿过程为特点（Holton 等，1995）。这种将化学物质输入、输送、再输出平流层的过程是大尺度环流和复杂的波活动的共同结果。大气化学过程，如臭氧的损耗，不仅与示踪物浓度有关，也与大气温度变化有一定关联。因此，QBO 对全球平流层环流的影响并不局限于动力学和热力学过程，还会通过大气光化学过程对全球气候变化造成影响。图 4.4 所示为一种大气示踪物浓度的纬度高度剖面等值线图，图中赤道附近的短红色箭头指示了 QBO 对大气环流（示踪物）造成的影响，这里 QBO 的相位在 40hPa 处为东向。相对于热带上升流，QBO 导致了示踪物等浓度线高度相对原有趋势显著的抬升，QBO 风场明显对赤道大气环流造成了异常影响。在低平流层区域，示踪物浓度基本对称，然而在中高平流层，示踪物浓度

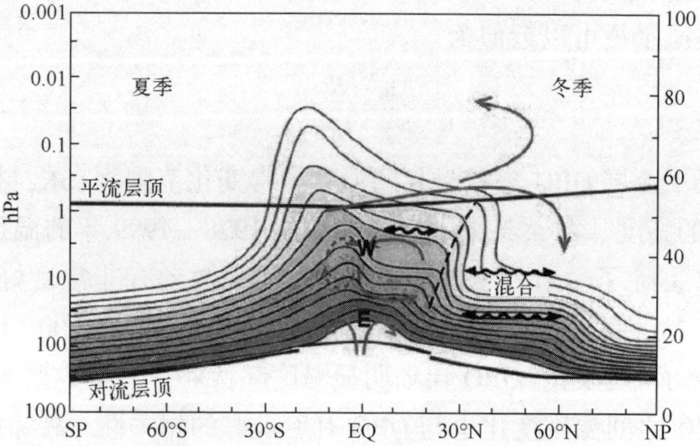

图 4.4　示踪物浓度的纬度-高度剖面等值线图（见彩插）

注：示踪物随 QBO 风场变化和水平热对流输送过程示意图（北半球冬季）。等值线为不同的示踪物等浓度线。赤道中高平流层区域示踪物浓度的升高，红色短箭头指示了 QBO 造成的环流异常。图片来源（Baldwind 等，2001）

明显偏高，并且南、北半球不对称明显。除了平均经圈环流造成的水平热对流外，示踪物浓度变化同时受到波活动（水平波浪箭头）的影响。赤道附近示踪物浓度形成了一种“台阶”的形态，第二个台阶则是北半球中纬度地区水平输送形成的平台。图中平流层顶区域，南半球向北半球的异常输送过程（图中长的红箭头）与高纬强烈的行星波的活动有关。

4.1.3 准两年振荡现象的形成机制

大量研究已经证实，由赤道对流层不断交替上传的混合罗斯贝-重力波与开尔文波以及其他各种尺度的重力波和基本气流之间的相互作用是形成 QBO 的主要机制。赤道波的理论最早出现在20世纪60年代末期，几乎与 QBO 的理论在同一时期被提出。赤道特征波包含3个主要波模，分别是罗斯贝波（Rossby mode）、混合罗斯贝-重力波（mixed Rossby-gravity mode）和一个被称为开尔文波（Kelvin mode）的东向传播的重力波。Maruyama（1967）首先在观测中发现了西向传播的混合罗斯贝-重力波，紧接着 Wallace 和 Kousky（1968）则在低平流层中发现了赤道开尔文波，他们指出这些波具有上行的东向动量通量，而这些动量通量则为 QBO 风场东向的加速提供驱动力。Bretherton（1969）认为，QBO 的西向加速主要被混合罗斯贝-重力波所驱动。Holton 和 Lindzen（1972）完善了之前的工作，通过构建一个一维的数值模式，开尔文波为 QBO 提供东向驱动力，混合罗斯贝-重力波为 QBO 提供西向驱动力。虽然这些赤道特征波动的振幅由于缺乏观测显得偏小，但是仍然足够驱动 QBO 的产生。

在理想大气模式中，虽然观测到的开尔文波和混合罗斯贝-重力波的振幅足够驱动 QBO，Gray 和 Pyle（1989）发现，在一个动力学、光化学、热力学平衡的数值模式中，这两者的振幅需要扩大3倍才能满足 QBO 的激发条件。在之后的模拟中，Dunkerton（1997a）、Dunkerton（1991）和 Mcintyre（1994）则指出，热带上升流的上行速度为大约每月 1km，那么 QBO 的下行速度实际上要比预想中的更快，因为总体上热带平流层具有一个上行的趋势。这个发现大大增加了 QBO 激发所需的动量通量，而观测中的混合罗斯贝-重力波和开尔文波则不能为观测到的 QBO 周期提供足够的驱动力。因此，为了激发具有观测特征的 QBO，需要额外的动量通量源，Lindzen 和 Holton（1968a）的研究中具有相似特征的宽频重力波可能满足条件。

正压大气的温度和风场紧密地耦合在一起，相应地，加热过程和动力学过程都能引起速度的响应。QBO 主要由动力学过程驱动，但在解释 QBO 结构的过程中，还应考虑温度和风场的耦合作用。QBO 振荡可以简单被解释为垂直上行的波动与背景平均流之间的相互作用。考虑两支独立的上行惯性重力波，两支波都来自于底边界并具有相同的振幅，但它们的纬向相速度相反。两支波被假定为线性（分别与平均流作用而不互相影响）、静力平衡、线性阻尼。每一支波都是垂直传播的，振幅受到阻尼作用的影响，并最终对平均流产生驱动作用，两支波在波的纬向传播方向上加速平均流，最终的作用效果则取决于释放动量通量的多少（与上升速率和纬向平均风的垂直结构有关）。由于两支波具有相同的振幅和相反的相速度，理想状态下的初始平均流（零风场）可以保持一个理想平衡状态。然而，除非垂直扩散非常强烈，这个平衡并不是一个稳定的平衡，任何小的风场扰动都会随着时间而逐渐扩大，并最终导致平衡的打破。

上行重力波保持垂直向上传播，直到它们遭遇到风切变作用（重力波纬向相速度与背景风相近），而停止传播。图 4.5 所示为半个周期内 QBO 风场相位被重力波和黏性力调制过程的示意图。在图 4.5（a）中，风切变区域下降，东向风的阻尼区域明显变窄，东向风场得不到足够的东向动量通量，最终流体黏性阻力使低高度的东向风场完全消失而形成图 4.5（b）；这将导致东向的重力波可以自由地通过西向平均流而向更高高度传播，随着高度的增加，这些东向重力波也会损失动量并逐步确立一个下行的东向风区域，进而形成图 4.5（c）；东向风区域逐渐下降而形成图 4.5（d）。以上为半个 QBO 周期内的波流相互作用，下半个周期的形态则以此类推。QBO 的周期主要取决于底边界上行重力波提供的动量通量的大小和重力波所携带的大气质量的多少（Plumb，1977）。

从以上理论可以分析出 QBO 波流相互作用的本质，但并不能解释为什么 QBO 只能发生在赤道附近，其中一种解释是 QBO 被赤道特征波（equatorially trapped waves）所驱动，但也可能有其他原因。QBO 是一种经向方向上对称的大气活动，遵循以下的大气方程，即

$$\frac{\partial u}{\partial t}-2\Omega\sin\Phi v=F \tag{4.3}$$

$$2\Omega\sin\Phi\frac{\partial u}{\partial z}+\frac{R}{\alpha H}\frac{\partial T}{\partial \Phi}=0 \tag{4.4}$$

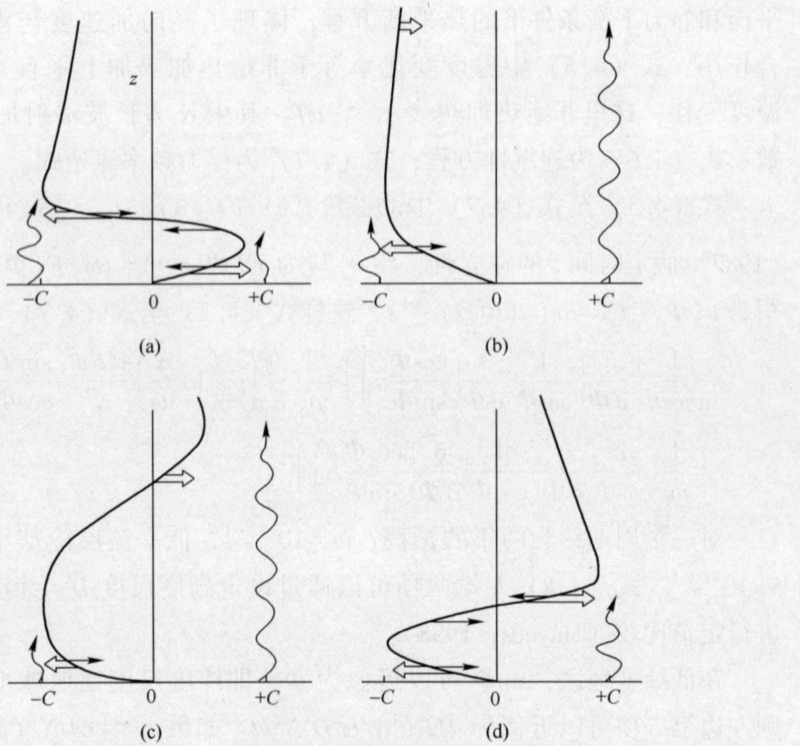

图 4.5　QBO 模拟过程中平均流变化原理

注：四图分别为半个 QBO 周期内不同阶段的纬向风场，双箭头表示波驱动的加速作用，单箭头为黏性阻力。波浪线表示东向和西向波的相对状态。图片来源（Plumb，1977）。

$$\frac{\partial T}{\partial t}+W\frac{HN^2}{R}=-\alpha T \tag{4.5}$$

$$\frac{1}{a\cos\Phi}\frac{\partial}{\partial \Phi}v\cos\Phi+\frac{1}{\rho_0}\frac{\partial}{\partial z}(\rho_0 W)=0 \tag{4.6}$$

$$N^2=\frac{R}{H}\left[\frac{\partial T_0}{\partial z}+\frac{RT_0}{C_pH}\right] \tag{4.7}$$

式中：Φ 为纬度；Ω 为地球自转角频率；a 为地球半径；ρ_0 为名义上 z 高度处的大气密度；N 为大气浮力频率；C_p 为大气等压比热容；T 为温度扰动量；T_0 为 z 高度处的参考温度；u、v、w 分别为风场的经向、纬向、垂直分量。式（4.3）中，经向加速度等同于驱动力 F（这里假定 F 为纬度、高度和时间的函数）加上地转偏向力（coriolis force）。部分的驱动力被地转偏向力所平衡，而平衡的程度取决于纬向风的大小；式（4.4）为地转平衡和静力平衡条件下的热平衡方程，体现了经向加速度与温度场的耦合作用；式（4.5）中温度变化率等于非绝热加热加上垂直运动的绝热温度变化，这里非绝热加热表示为$-\alpha T$，其中α为长波辐射加热/冷却常数；式（4.6）为连续性方程；式（4.7）为浮力频率表达式。

式（4.3）至式（4.7）中的参量有$\partial u/\partial t$、$\partial T/\partial t$、v、w和F。Garcia（1987）假定时间t的独立性，将F写为$F(\Phi,z,t)=Re(\hat{F}(\Phi,z)\mathrm{e}^{\mathrm{i}\omega t})$，$u$写为$u(\Phi,z,t)=Re(\hat{u}(\Phi,z)\mathrm{e}^{\mathrm{i}\omega t})$，这样式（4.3）至式（4.7）可以写为

$$\frac{1}{a\cos\Phi}\frac{\partial}{\partial\Phi}\left(\frac{1}{\cos\Phi}\frac{\partial}{\partial\Phi}\left(\frac{\cos\Phi}{\sin\Phi}\hat{u}\right)\right)+\frac{1}{\rho_0}\frac{\partial}{\partial z}\left(\rho_0\left(1+\frac{\alpha}{\mathrm{i}\omega}\right)\frac{4\Omega^2a^2}{N^2}\frac{\sin\Phi}{\cos\Phi}\frac{\partial\hat{u}}{\partial z}\right)$$
$$=\frac{1}{i\omega}\frac{1}{\cos\Phi}\frac{\partial}{\partial\Phi}\left(\frac{1}{\cos\Phi}\frac{\partial}{\partial\Phi}\left(\frac{\cos\Phi}{\sin\Phi}\hat{F}\right)\right) \tag{4.8}$$

对一个周期约为两年的振荡，$\omega=10^{-7}\mathrm{s}^{-1}$，低平流层冷却率$\alpha$大约为$5\times10^{-7}\mathrm{s}^{-1}$。式（4.8）左端两项可以通过设定高度尺度$D$、纬度尺度$L$来进行定量比较（Haynes，1998）：

在低纬度地区，$\sin\Phi$可以近似为Φ，即纬度尺度比地球半径(L/a)，则左边第二项可以近似为$4\Omega^4L^4\alpha/\alpha^2D^2N^2\Omega$。如果$L\ll(\alpha DN/(2\Omega))^{1/2}(\omega/\alpha)^{1/4}$，则第二项地转偏向力项可以忽略，风场加速几乎都来自于驱动力的作用。在L足够小的情况下，这种关系被称为“赤道响应”；高纬度地区的转偏向力不能忽略，即$L\gg(\alpha DN/(2\Omega))^{1/2}(\omega/\alpha)^{1/4}$，高纬度地区的驱动力$F$由于经圈环流的作用明显具有长时间尺度的特征，而地转偏向力则在这个时间尺度中抵消了驱动力F的作用。风场加速效果则相对微弱。

中高纬度地区平流层的经圈环流以水平运动为主，热对流会受到强阻尼作用而会引起温度异常，同时也会限制风场振幅的大小；在低纬度地区，由于地转偏向力微弱，驱动力F会产生风场的加速，相对地，温度的响应则不明显（Scott和Haynes，1998）。以上就是QBO只能在低纬度地区被观测到的原因。纬度（低纬到高纬）的转变，能够比提供必要动量通量的重力波的纬向尺度更好地确定OBO的纬向宽度（Haynes，1998）。总的来说，QBO只能在南北纬10°之间满足激发条件，更高纬度的驱动力会被地转偏向力所平衡。这也可以解释为什么一个一维的无纬度因素的数值模式中可以激发QBO，但在逐步增加地转偏向力之后却不能得到合适的QBO结构。

4.2　平流层准零风层的特征分析

平流层准零风层，又被称为零风层或零风线，早在1975年，Belmont等（1975）就提出了零风层、弱风层的概念，它是指平流层冬、夏转换期间东西风发生翻转，在东风区和西风区之间往往存在空间范围较大、时间上比较稳定的纬向风转换层。随着科学技术的不断进步，临近空间已经成为21世纪人类开发利用的重点空间资源。多种临近空间飞行器的研制开发，也成为各国关注的焦点，其中包括平流层飞艇、高空气球等，具有长滞空时间的优点，可以实现准定点观测，满足对特定地区、特定目标、特定事件的连续观测。然而，平流层飞行器的这种优点同时对其运行环境提出了很高的要求。在20~22km高度处，存在一个风速较小和温度相对稳定、基本无垂直运动的区域，该区域是目前平流层飞行器驻空的理想高度。据此，吕达仁等（2002）提出了零风层的概念，平流层准零风层（quasi-zero wind layer，QZWL）一般是指平流层下层20km高度附近的大气层，上下层纬向风风向相反，同时南北风分量也很小。平流层大气风场除了随季节变化以外，随地理位置及高度的变化也很重要，了解掌握QZWL的特点及其变化特征，可以为平流层飞行器提供更好的环境参考，对于平流层大气环境利用具有重要的意义。近年来，众多学者的研究证明，平流层风场年际尺度的影响因子众多，准零风层是由于平流层风场中上下层纬向风逆转形成的，是存在于平流层风场的一种特殊现象，因此准零风层的年际变化也受到众多因素的影响。赤道平流层的QBO是指热带平流层中低层纬向平均风场东、西风交替出现的现象，其变化周期在两年左右，是平流层大气中最为重要的大气年际变率，国内外大量研究表明，QBO通过调制平流层行星波可以影响平流层中高纬风场。同时，研究表明，平流层风场还受到众多因子的影响，其中主要有太阳活动和厄尔尼诺/南方涛动。

4.2.1　平流层准零风层形成机制及分类

QZWL的形成机制在赤道地区和赤道外地区有所不同，在对其进行分析时必须区别对待，根据QZWL的不同形成机制将其分为两类，分别称为第一类QZWL和第二类QZWL。在平流层低纬度地区，由于平流层准两年振荡（QBO）现象的存在，QBO 中的东、西风振荡现象以约 1km 每月的速度从 30km 的高度向下传播。因此，在赤道地区，QBO 东、西风在垂直方向上的交界就会形成准零风层，这种在热带地区由于 QBO 东西风位相在垂直方向上交界而形成的 QZWL 称为第一类 QZWL。而对于平流层赤道外地区的 QZWL 的形成机制可以用热成风原理来解释。

首先引入对数压力系下的垂直坐标，即

$$z=-H\ln\left(\frac{p}{p_s}\right) \tag{4.9}$$

式中：z 为对数压力高度；高度 $H=RT_s/g_0$；R 为干空气比气体常数；T_s 为全球平均参考温度；g_0 为重力加速度；p 和 p_s（一般取 1000hPa）分别为气压和参考气压。该垂直坐标可反映温度随高度的变化，较适用于研究中高层大气的相关问题。在对数压力坐标系中，可导出对数压力坐标下的热成风方程为

$$\frac{\partial \bar{u}_g}{\partial z}=-\frac{R}{fH}\cdot\frac{\partial \bar{T}}{\partial y} \tag{4.10}$$

式中：f 为科里奥利力参数；u_g 为平均地转纬向风；T 为两层大气间的平均温度。根据式（4.10），若两层大气间平均温度的经向梯度 $\partial \bar{T}/\partial y<0$，即纬圈平均温度梯度从高纬指向低纬，则有 $\partial u_g/\partial z>0$，即地转纬向风随高度的增加而增加；反之纬圈平均温度梯度从低纬指向高纬，则平均地转纬向风随高度的增加而减小。

平流层的大气环流与对流层有很大差别，对流层大气温度主要受下垫面和太阳辐射的影响，热带外地区纬圈的平均温度梯度始终从高纬指向低纬，冬季纬圈平均温度梯度较大，而夏季较小。因此，根据热成风式（4.10），热带外地区对流层大气环流全年以西风为主，冬季西风强于夏季。而在平流层中大气温度主要受到 O_3 吸收紫外线辐射增温的影响，热带外地区纬圈平均温度梯度冬季从高纬指向低纬，夏季则相反，根据热成风式（4.10），冬季平流层为西风环流，夏季为东风环流。根据 QZWL 的定义，从大气环流的角度分析，在热带外地区，夏季存在下层为西风、上层为东风的 QZWL，而冬季上下层都为西风环流，没有此类 QZWL 存在。为此，将在热带外地区形成的下层为西风、上层为东风的 QZWL 称为第二类 QZWL。根据热成风式（4.10），第二类 QZWL 一方面与对流层上层的纬向风有关，另一方面与平流层中低层平均温度经向梯度有关。

4.2.2　我国平流层准零风层季节变化特征

由于平流层中低层的经向风速较纬向风速小很多，下面重点讨论纬向风的季节变化。图 4.6 给出的是商林、刘毅等（2013）利用 WACCM（whole atmosphere community climate model）模式模拟的北半球（20°N~50°N）不同季节平流层纬向风场的季节变化，图中沿着 0 等值线的深色区域（±5m/s 的区间）为准零风层。从图中可以看出，准零风层出现的高度在 100~20hPa（16~27km）之间，夏季准零风层分布高度比冬季低约 3km（约在 20km 高度），其变化具有明显的季节特征。1 月份，准零风层位于 30°N 以南，到 4 月份，准零风层随着东风带的逐渐北移而向高纬度地区移动，7 月份准零风层可以到达 50°N，10 月份，准零风层随东风带南移而回撤至 40°N 以南的地区。由此可见，中国地区所在纬度（20°N~50°N）准零风层多出现在春、夏季节。

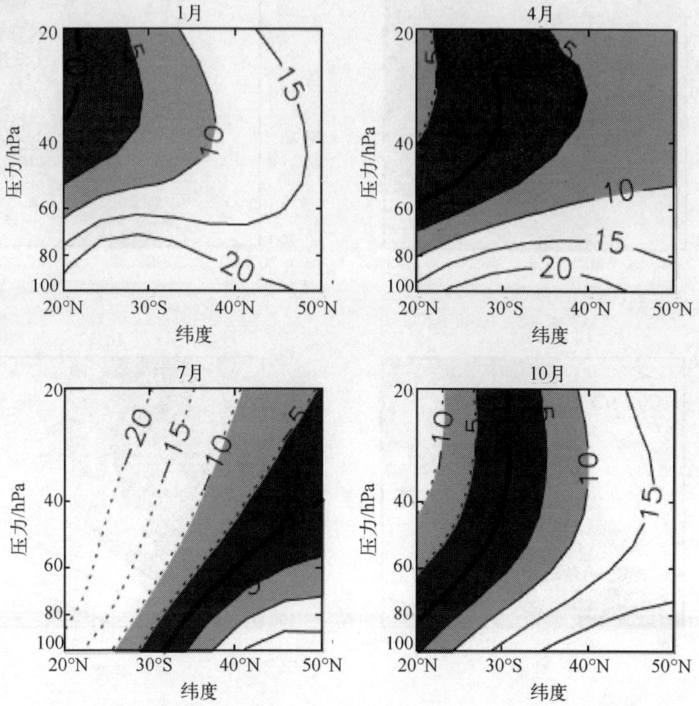

图 4.6　WACCM 模式模拟的不同季节平流层纬向风场（见彩插）（单位为 m/s，等值线间隔为 5m/s，正值代表西风，负值代表东风，粗实线表示零风速等值线，彩色区域代表±10m/s 的区间，其中深蓝色代表±5m/s 的区间）。图片来源（高林等，2013）

图 4.7 给出的是 5—10 月各月份纬向风更为详细的变化情况。如图所示，5 月和 6 月是准零风层北移速度最快的月份，风带由 4 月份所在的 40°N 以南的地区移动到 50°N。7 月和 8 月为准零风层比较稳定的时期，零风层所在的高度上，风速小于 5m/s 的风带基本上稳定地位于 40° N 以

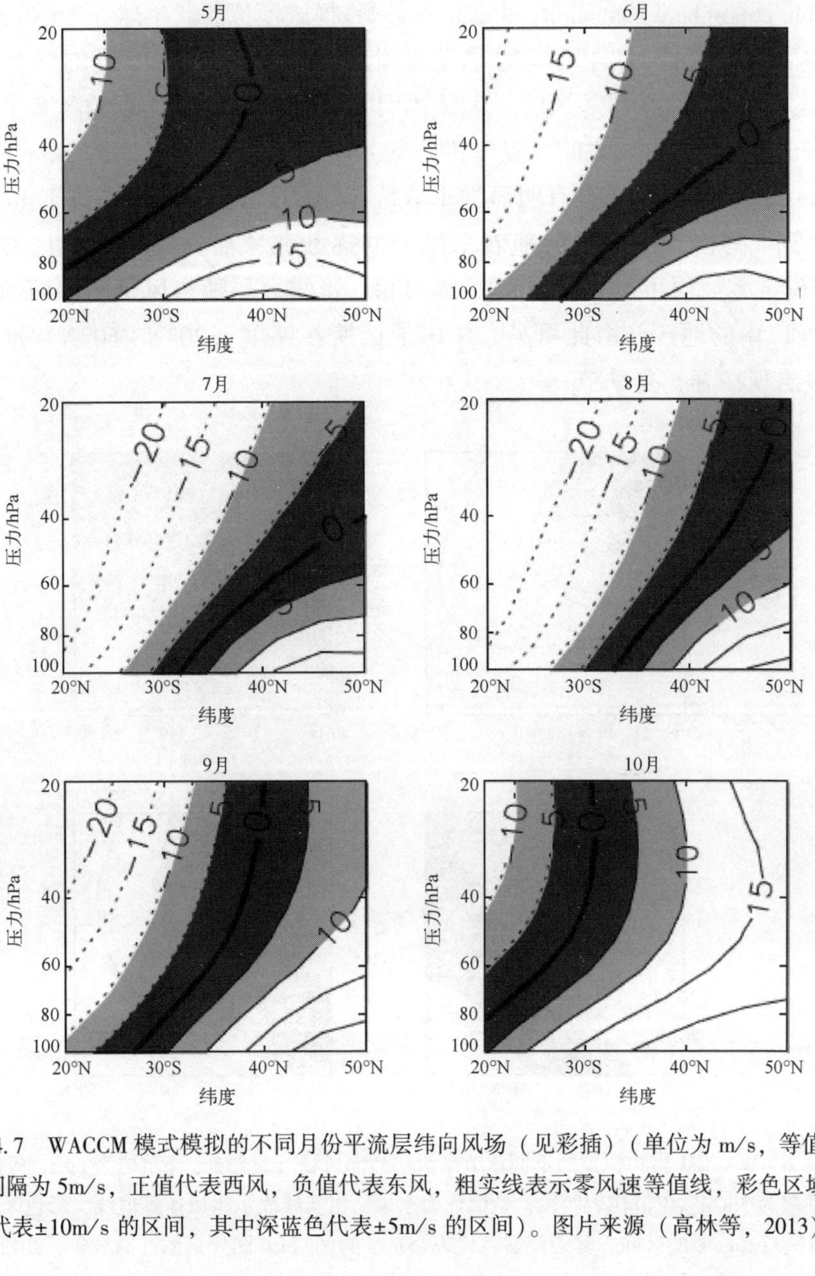

图 4.7　WACCM 模式模拟的不同月份平流层纬向风场（见彩插）（单位为 m/s，等值线间隔为 5m/s，正值代表西风，负值代表东风，粗实线表示零风速等值线，彩色区域代表±10m/s 的区间，其中深蓝色代表±5m/s 的区间）。图片来源（高林等，2013）

北。9月，准零风层开始向南撤退。

4.2.3　准两年振荡现象对平流层准零风层影响分析

QZWL在一年中存在冬、夏两个持续时间较长的稳定态和两个短暂的过渡期，而QBO是影响平流层中低层风场的最重要因素之一，其他因素有太阳活动和ENSO等，这些因素之间存在着复杂的非线性相互作用。下面介绍陶梦初（2012）等利用ECMWF提供的1979—2001年ERA-40全球再分析资料，分析QBO在冬季和夏季两个稳定态时对QZWL的影响结果。

1. QBO东西风位相年的划分

赤道纬向风QBO东西风位相的划分一般采用某一等压面上的风表示，但采用的等压面有所不同，大多采用30hPa或50hPa。通过分别用ERA-40再分析资料30hPa和50hPa赤道上空纬向风，分别进行了QBO东西风位相年的划分，结果表明，不论冬季（上年12月、1月、2月）还是夏季（6—8月）用50hPa纬向风划分出的东西风位相年的样本数更平均，因此选择月平均赤道上空50hPa纬向平均的纬向风作为划分QBO东西位相年的指数，分别选取指数最大和最小的8年进行合成分析（按指数由大到小排列）：冬季东风位相年有1980年、1997年、1990年、1999年、1985年、1982年、1992年、1995年，西风位相年有2000年、1981年、1986年、1989年、1991年、1983年、1998年、1988年；夏季东风位相年有1994年、1992年、1982年、1987年、1984年、1998年、1996年、2001年，西风位相年有1983年、1997年、1988年、1986年、2000年、1993年、1985年、1995年。

2. 合成分析结果

从1月的合成图（图4.8左列）可以看到，不同QBO位相时北半球平流层下层风场的分布有明显差异：虽然东西位相年在冬季热带地区都存在第一类QZWL，但西风位相年第一类QZWL（即图中低纬度地区的零风线只有一条）下层为西风、上层为东风，处在约25km的高度上；而东风位相年从100hPa到20hPa高度内夹着一层东风，其上下均为西风，因此存在两条零风线，分别位于18km和25km左右的高度上；西风位相年20°N以北的中低纬度地区存在第二类QZWL，从图4.8（c1）可明显看出，西风位相年与东风位相年相比约40°N以北的平流层下层平均纬向西风偏强，与此相反的是20°N~40°N的副热带平流层下层平均纬向西风略偏弱，致使西风位相年第二类 QZWL 区域所跨纬度范围约至 38°N，且西风位相年平流层下层中低纬度地区的等风速线更稀疏，风速的垂直和纬向梯度都比较小，而东风位相年冬季基本不存在第二类 QZWL。

从7月的合成图（图4.8右列）可看出，不论东风位相还是西风位相年，夏季中高纬度地区都存在第二类QZWL，且QBO对热带外风场的影响不如冬季显著，主要影响区域集中在100hPa以下的对流层中层，以50°N为界，50°N以南的对流层热带外地区，西风位相年相较于东风位相年西风略偏强，50°N以北西风位相年的纬向西风略偏弱，这样的差别造成西风位相年50°N以南的第二类QWZL略高于东风位相年，而50°N以北则相反。

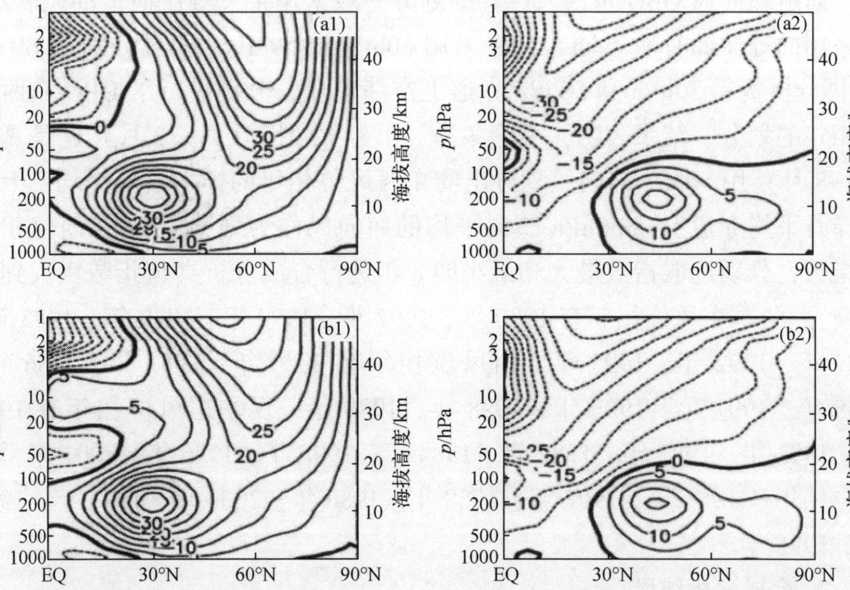

图4.8　1月（左列）和7月（右列）QBO（a1、a2）西风和（b1、b2）东风位相最强8年的合成以及（c1、c2）两者之差纬向风的合成（单位：m/s）。阴影区域表示通过90%信度 t 检验（浅色为正值区，深色为负值区）

总之，无论冬季还是夏季，QBO 都会对 QWZL 产生影响，冬季 QBO 对 QWZL 的影响更明显，主要体现在冬季相较于 QBO 东风位相年，QBO 西风位相年在 20°N～40°N 的纬度范围内出现 QWZL 的概率更高，但在 QBO 位相不显著或其他影响因子较强的年份，该规律则不明显。

4.3　平流层爆发性增温

自从 1952 年德国科学家 Scherhag（1952）发现柏林上空平流层爆发性增温（sudden stratospheric warming，SSW）现象以来，人们采用多种探测技术对其进行了大量的观测和分析研究。SSW 发生时极区温度会突然上升，几天内温度可以增加几十摄氏度。伴随着温度的变化，原先冬春在极地附近冷性低压涡旋会变形甚至崩溃，原先的绕极地西风环流明显减弱甚至出现东风气流。对大量观测资料分析结果表明，出现在北半球的 SSW 比较多，大约平均每年有一次，但南半球很少出现 SSW，在 2000 年以前，南半球尚未观测到过强的 SSW，只是到 2002 年 9 月（南半球初春）出现过一次强的 SSW。在较强的 SSW 期间，平流层中风场和温度场的这种变化可以伸展到对流层，引起对流层温度场和环流场的变化，进而引起对流层天气和气候的变化，它的发生是由于准定常的行星波与平流层基本气流相互作用，导致行星波在平流层中增强，从而加强了对流层向上传播的能量所致，因此，围绕 SSW 的研究是平流层大气研究的重要内容。

邓淑梅等（2006）利用 1950—2003 年逐日 NCEP 再分析资料，对 SSW 过程进行统计分析。下面介绍其主要分析结果。

4.3.1　平流层爆发性增温的定义和标准

SSW 是指在 10hPa 及其以下的平流层里，短期内温度突然升高，沿 60°N 的纬圈平均温度与极点间温度的梯度发生反转，同时相应的高度梯度也反转为北高南低，60°N 以北地区的纬向平均的西风也发生明显的变化甚至转变为东风的现象。根据 1963 年世界气象组织的规定，一般 SSW 按其增暖强度可分为强增暖（major warming）和弱增暖（minor wrming）两类。根据上述定义，采用平均温度梯度 ΔT 和平均地转风 $\overline{U}$ 两个指标来表征爆发性增温。

$$\Delta T = T_{90°N} - \overline{T}_{60°N} \tag{4.11}$$

$$\overline{U} = \frac{-9.8(H_{90°N} - \overline{H}_{60°N})}{fy} \tag{4.12}$$

式中：$T_{90°N}$、$\overline{T}_{60°N}$、$H_{90°N}$、$\overline{H}_{60°N}$分别为10hPa上北极点和60°N沿纬圈平均的温度和位势高度；$\overline{U}$为北极点和60°N之间的平均地转风；y为北极点和60°N之间距离。当ΔT由负变正、$\overline{U}$由正变负时，也就是它们的位相发生反转时，作为一次强爆发性增温事件。如果只是ΔT由负变正，$\overline{U}$不改变符号，则作为一次弱爆发性增温。邓淑梅等（2006）利用这两个指标统计了1950—2003年54年中北半球爆发性增温年月份，如表4.1所列。其中“☆”表示一次强增温过程，“＊”表示一次弱增温过程。从表中可以看出，54年中强SSW事件有39次，弱SSW事件有30次。

表4.1　1950—2003年北半球球SSW年份和月份

时间	SSW	时间	SSW	时间	SSW	时间	SSW	时间	SSW
1950.1	＊	1961.3	☆	1974.3	☆	1981.2—3	＊	1993.12至1994.12	＊
1951.3	＊	1963.2	☆	1975.1—2	＊	1981.11—12	☆	1995.1	☆
1951.11—12	＊	1964.3	☆	1975.3	☆	1984.2—3	☆	1995.3	＊
1952.2—3	☆	1965.12至1966.1	☆	1976.12	＊	1984.12至1985.1	☆	1997.12	＊
1953.3	＊	1966.2—3	＊	1977.1	＊	1985.3	☆	1998.1—2	＊
1953.12至1954.1	＊	1966.11	＊	1977.3	＊	1986.3	☆	1998.12	☆
1954.3	☆	1968.1	☆	1978.1	＊	1987.1—2	☆	1999.1—2	☆
1958.1	☆	1968.11	☆	1978.3	＊	1987.2—3	☆	2000.3	＊
1958.2—3	☆	1968.12	＊	1978.12	☆	1987.12	☆	2001.2—3	☆
1958.12至1959.1	☆	1969.3	☆	1979.2—3	☆	1988.3	☆	2001.12	＊
1959.3	☆	1970.1—2	☆	1979.11—12	＊	1991.1—2	☆	2002.2—3	☆
1960.1	＊	1971.1—2	☆	1980.2—3	＊	1992.3	☆	2003.1	☆
1960.1—2	☆	1971.3	＊	1980.3	＊	1993.2—3	☆	2003.12	＊
1960.3	＊	1973.1—2	☆	1981.2	＊	1993.3	＊		

将定义温度梯度 ΔT 开始变正号时为 SSW 的开始日期，而温度梯度 ΔT 转回为负值时为 SSW 的结束，这段时间就为发生一次 SSW 的过程。如图 4.9 所示，2002 年 SSW 从 2 月 6 日开始，温度场和高度场的位相都开始发生反转，温度梯度由原来的北冷南暖反转为南冷北暖，位势高度也变成北高南低，因而平均风场也由原来的平均西风反转为东风，即 SSW 过程开始，到 3 月 11 日结束。也就是说，这一次 SSW 过程为 34 天。在这一过程还没有开始时，极地被冷中心控制。暖空气活动于冷空气外围，而且以纬向西风环流为主。一般情况下，在 SSW 时段内，温度场的分布特征有两种：第一种是整个北半球中高纬冷暖空气各占一方，暖空气将冷中心挤出极地，西风也反转为东风；第二种是中高纬的环流经向梯度明显加大。

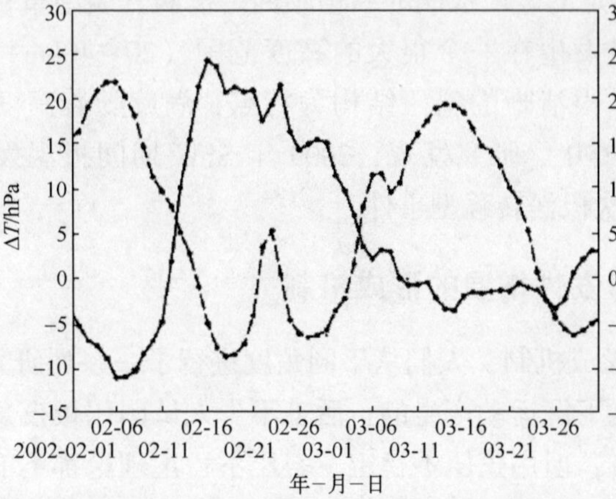

图 4.9　2002 年 2 月北半球发生强 SSW 时 10hPa 等压面上 ΔT（实线）及 $\overline{U}$（虚线）的变化曲线

4.3.2　平流层爆发性增温的特征

SSW 是冬季平流层温度急剧升高的现象，在短期内可升高 40℃以上。在一个 SSW 事件中，会出现许多平流层环流突变现象。SSW 一般认为有 3 个主要特征：①平流层极涡的变形和崩溃；②极区异常增暖，经向温度梯度反向，温度梯度最终由极区指向中纬；③极夜西风急流减弱甚至消失，出现绕极东风环流，且东风可从极地延伸至 60°N 以南的地区。Coughlin 等（2009）用 k-均值聚类分析的方法研究了冬季北半球极地平流层，发现存在两个自然分离的形态，其中，10%的时间出现了温暖的扰动，也就是 SSW 过程。SSW 的分布也是它的重要特征之一，邓淑梅等（2006）发现平均每年有一次以上增温事件，北半球增温最早发生在 10hPa 欧亚大陆以北地区，然后下传东移，呈逆时针方向移动至西半球北美大陆的北部。陈隆勋等（1962）发现 SSW 的变温中心常起源于高压的东北和西北，在原来冷区或槽区引发增温现象。

根据强 SSW 事件中极涡的形态特征，将其分为两种类型，即极涡转移型和极涡分裂型。极涡转移型的特点是极涡偏离极区，随后在涡旋挤压期间变形为“逗号形状”；极涡分裂型很容易辨认，即极涡破裂为大小相当的两部分。这两种类型的 SSW 分别与行星波 1 波和 2 波相联系。Matthewman 等（2009）指出以上两种类型的 SSW 期间，极涡在地球表面的位置大体上是固定的，但极涡的结构不同。极涡分裂型事件是典型的正压结构，几乎同时发生在一个很大的高度范围（20~40km）。相比之下，极涡转移型事件以很清晰的斜压结构为特点，涡旋随着高度明显向西倾斜。Manney 等（2001）研究发现，2009 年 SSW 期间极涡发生分裂，而 2006 年 SSW 是一次极涡转移型事件。

4.3.3 平流层爆发性增温的形成机制

对于 SSW 的形成机制，人们从不同角度进行了一系列研究。最初认为 SSW 是平流层空气下沉运动产生的；后来不少人试图用极夜急流的不稳定从理论上解释 SSW，但用正压不稳定、斜压不稳定理论都不能很好地解释 SSW 的机制。直到 Matsuno（1971）的研究指出，SSW 是由于对流层行星波向平流层传播并与其平均流相互作用而产生的之后，人们对 SSW 的机制才有了更深的认识。这一理论的提出得到了广大学者们的认可，并且经 Holton 等（1980）从理论和观测上做出了很好的研究和证实。Labitzke（1981）通过研究 SSW 与冬季行星波振幅的变化指出，行星波 1 波振幅达最大值、2 波振幅达最小值时往往会发生爆发性增温，行星波 1 波的增幅是强增温爆发之前的先决条件。此后，越来越多工作通过波-流相互作用来研究爆发性增温，如 Palmer（1981）提出用变形欧拉平均方程来研究 SSW、Kanzawa（1980）用 $E-P$ 通量来诊断 SSW 过程中平均流对行星波传播的影响、O'Neil 等（1982）利用变形欧拉方程计算了 1976/1977 年冬天爆发性增温时 $E-P$ 通量和剩余环流的变化。另外，人们也注意到 SSW 发生时不仅平流层发生剧烈的反常变化，还会影响到对流层。Andrews 等

(1987) 指出从对流层上传的行星波破碎后所释放的能量，导致平流层西风气流减速和平流层增温，当行星波足够强的时候，西风气流可以从正常情况的西风急流转换为东风，同时极区温度剧烈增加，引起 SSW。胡雄等 (1996) 研究了平流层准地转-β 通道近似下的波流相互作用模型的分岔特性，表明了对流层顶的波动（1 波和 2 波）对 SSW 有控制作用，并很好地解释了两种增温情形（1 波增温和 2 波增温）的观测事实。Kodera 等 (2000) 发现强 SSW 发生在纬向风异常缓慢传播的位相，缓慢变化的状态表明了大气的“调整”，而且与之相联系的对流层行星波的变化与北极涛动（arctic oscillation，AO）的变化明显一致。

通常地球表面海陆分布产生的热力强迫和大地形的动力强迫会在大气中激发产生行星波（主要是 1~3 波，特别是 1 波和 2 波），这种行星波可以在西风气流中上传到平流层，而较小尺度的大气波动很难上传到上层大气。行星波只能在西风气流中传播，所以北半球冬季对流层行星波可以上传到平流层；而南半球行星波较弱，很少上传到平流层，所以南半球出现爆发性增温很少。这在一定程度上证明，行星波上传及波流相互作用理论对解释 SSW 的机制是十分成功的。

E-*P* 通量是研究行星波传播和波流相互作用的有力工具，*E*-*P* 通量散度表现了波动的动量通量和热量通量的综合特征，通过分析 *E*-*P* 通量散度的分布，可以分析行星波活动引起的涡动输送对纬向风的作用。对 *E*-*P* 通量进一步的研究表明，SSW 是沿高纬度波导传播的异常行星波与平均气流相互作用的结果。而热带风场的 QBO 可以影响行星波沿低纬度波导的传播，还可以通过波流相互作用调制行星波沿高纬度波导的传播。Camp 等 (2007) 指出，从对流层上传的行星波把动量和能量储存在平流层，使北半球冬季极区平流层受到扰动，SSW 事件是这些行星波破碎的极端表现形式。陆春晖等（2009）的研究结果揭示了 2003/2004 年整个 SSW 过程中存在一个负反馈机制，即上传的行星波造成了极涡的扰动和分裂，形成了纬向平均的东风带，而东风带阻碍了行星波的继续上传，有助于极涡的恢复。谢再红等（2010）将冬季极区 SSW 分为Ⅰ型和Ⅱ型两种类型，分析了两种类型增温机制及其与 850hPa 温度的关系，发现强迫波的强度和对流层的热量能否上传到达平流层是决定两类平流层异常增温的两个主要因素。Wüst 等（2011）也认为平流层增温是行星波活动增强造成的，并指出在很多情况下，准定常行星波 1 波振幅增强，并把动量和能量输送给背

景风场。王坚红等（1994）的研究还表明，SSW 期间温度场和环流场的变化不仅出现在平流层中下层，在对流层中层，中高纬和中低纬环流也出现相应的变化。Baldwin 等（1999）的研究指出，作为平流层向对流层传播信号的北极涛动和爆发性增温有关，它不单由平流层向下传播，而且通过对流层时有大的振幅并能维持。因而在平流层过程对气候影响的研究中对 SSW 的研究占着重要的地位。

由此可见，在平流层增温之前已有行星波的异常发展，这种行星波的异常发展主要是由于对流层能量的上传。对流层行星波的垂直传播可以在平流层引起强迫扰动，在这种强迫扰动的发展过程中，与基本流发生相互作用，行星波破碎，平流层温度在短时间内急剧升高，即出现 SSW 现象。因此，行星波上传并不一定都会产生 SSW 事件，还要有一定形式的基本流与之相互作用才行。

4.3.4 平流层爆发性增温对上下层大气的影响

1. SSW 对对流层的影响

SSW 对对流层的影响平流层强 SSW 事件产生的环流异常能够下传到对流层，并对对流层的天气气候产生影响。早在 20 世纪 70 年代，Quiroz 就发现 SSW 时平流层中高纬度纬向环流出现反气旋性异常，并且这个异常能从平流层一直延伸到地面并影响对流层天气系统。Baldwin 等（1999）认为，作为平流层向对流层传播信号的重要系统的北极涛动（AO）与 SSW 有明显关系，指出平流层对于异常天气的预报作用，即弱极涡事件（爆发性增温）和强极涡事件对对流层的影响，发现 SSW 使 AO 指数迅速变为负值，AO 指数恢复到正值相对而言也比较缓慢。后来，Baldwin 等（2009）进一步研究发现，SSW 导致平流层北半球高纬度地区温度升高、位势高度增加，将会引起平流层 AO 减弱。强 SSW 发生后，平流层高层极区环流发生重大变化，北半球 AO 的异常可以由平流层下传到对流层，进而对对流层的天气气候产生影响。

SSW 是由对流层波强迫产生的，SSW 事件的信号在平流层中得到保留，可以对对流层产生滞后影响。在 SSW 对我国天气气候的影响方面，Deng 等（2008）的分析结果表明，在 SSW 期间，东亚急流加强，东亚大槽加深。随着 SSW 的下传，增强的东亚急流和东亚大槽会向南移动，并向西扩展，逐渐影响我国北部和东北地区。这意味着在 SSW 期间东亚冬季风会增强。李琳等（2010）认为，强 SSW 发生前后有两个不同的过程也可能导致东亚冬季风增强。在强 SSW 爆发前，由于强行星波的扰动，导致东亚大槽的加深、西伯利亚高压和阿留申低压同时增强，冬季风增强，而强 SSW 爆发后，平流层异常信号的下传也使东亚大槽加深、西伯利亚高压和阿留申低压同时增强，冬季风增强。由于受到冬季风增强的影响，我国东北、华北地区的温度异常偏低。

2. SSW 对平流层微量气体分布的影响

在 SSW 期间，伴随着剩余环流的变化，大气化学成分分布与输送也发生了改变。增温过程中行星波活动引起的向极输送运动以及极地地区垂直运动的变化会显著影响冬季北极地区微量气体的浓度分布。目前，关于 SSW 的发生对平流层大气成分分布的影响主要都集中在对 O_3的研究。

O_3是平流层大气中最重要的化学成分，大气中约有 90%的 O_3集中在平流层。已有的研究指出，平流层 O_3的变化对平流层的温度结构、整个大气环流以及到达地面的紫外辐射均有影响。而太阳辐射中变幅较大的紫外辐射进入平流层后被 O_3吸收加热，其加热程度大小也可以影响平流层-对流层环流和地面气候。SSW 是平流层大气的一个重要现象，SSW 的发生与 O_3的含量和输送密切相关。盛日锋等（2005）研究了 1950—2002 年 1—3 月期间 35 次强 SSW 事件发生的气候及异常特征，发现除 1983 年和 1986 年增温事件以外，其余年份的增温事件都发生在各个月份 O_3多年变化的最大值或极大值的月份，并且强 SSW 发生在 O_3总量从负距平低值稳定上升到正距平高值的时期。由此可以看出，O_3总量对强 SSW 事件的影响是显著的。Sonnemann 等（2006）模拟了 SSW 对中间层顶区域 O_3、H_2O 和羟基分布的影响。Keil 等（2007）观测了 2006 年 SSW 期间英格兰地区臭氧总量非常低，并把它与下平流层和上对流层（upper troposphere and lower stratosphere，UTLS）区域的臭氧损耗联系起来。Manney 等（2009）也研究了这次 SSW，并把 Aura/MLS 微量气体（H_2O、CO、CH_4和 N_2O）观测与一个从对流层顶到下中间层的化学输送模式结果进行了对比。王海平等（2008）选取 MIPAS 的观测资料分析了发生在 2002 年 12 月至 2003 年 1 月北极地区的 SSW 过程及平流层大气化学成分体积混合比分布发生的变化，发现北极 SSW 过程的发生对其大气化学成分的分布有重要影响。易明建等（2008）利用高层大气研究卫星上的卤素掩星试验提供的资料，分析了 2002 年异常的南极爆发性增温以后的南极附近平流层微量气体的分布，发

现除南极 O_3 洞明显减弱外，南极平流层其他微量气体（HCl、NO、NO_2、CH_4 等）的分布也发生了很大改变。Flury 等（2009）分析了 2008 年 2 月 SSW 对瑞士地区 O_3 和 H_2O 分布的影响，发现整层大气 O_3 都有损耗，而一直到中间层 H_2O 都在增加。

3. SSW 对中高层大气的影响

SSW 与中间层冷却和热层下部的增温有密切关系。中间层和热层下部（mesosphere-lower thermosphere，MLT）区域的冬季变化也引起了人们的极大兴趣，这个区域的特点是 SSW 事件期间增强的行星波引起风场和中间层顶的温度变化剧烈，反映了低层、中层和高层大气独特的耦合过程。

Cevolani 等（1983）分析了 1982 年 1 月 6 日至 2 月 2 日平流层增温期间中间层上部与热层下部的风场，发现弱增温开始期间在平均高度为 95km 处纬向和经向盛行气流向西和向南反转，持续时间少于 1 周。Mukhtarova 等（2007）研究了平流层-中间层对 2003 /2004 年冬季强 SSW 的响应，发现平流层增温传到中间层下部，而冷却发生在中间层上部，这一特点与准定常行星波很大的垂直尺度相联系。Hoffmann 等（2007）的观测表明，在强 SSW 期间高纬度地区中间层行星波 1 波活动增强，SSW 之后极涡重建时，行星波相当弱，重力波能上传到中间层顶。Shepherd 等（2007）研究了 SSW 对热带地区中间层温度场的影响，发现在热带地区平流层增温期间观测到的中间层冷却与中高纬度地区 SSW 有相关性，在这段时间周期为 4~5 天、6~8 天、10 天 和 12~18 天 的行星波 1 波起到决定性作用。Pancheva 等（2008）研究了 2003/2004 年北极冬季强 SSW 期间高纬和低纬平流层和中间层的动力耦合机制，发现与 SSW 相关的高纬和低纬平流层的纬向平均流变化之间的相反关系是由全球尺度纬向对称波产生的。Yamashita 等（2009）证实了 SSW 期间 MLT 冷却和增温区域的高度、宽度和强度的直接影响因素是重力波强迫，间接影响因素是该区域行星波的产生。Lima 等（2011）分析了赤道 MLT 区域潮汐、准两天行星波和局地平均纬向风的变化，指出了在 2006 年 1 月强 SSW 发生时中间层 7°S 受到很大影响。虽然电离层的变化主要与太阳和地磁活动有关，但大约 20%的日平均变化与下层大气过程相联系，冬季强 SSW 期间中间层和电离层之间的耦合已经得到证实。由此可见，强 SSW 不但对中间层和热层会产生很大影响，对电离层也是。因此，研究中高层大气的耦合过程必须关注 SSW 的发展和演变。

参考文献

[1] Angell J K, Korshover J. Quasi-biennial variations in temperature, total ozone, and tropopause height [J]. Journal of the Atmospheric Sciences, 1964, 21: 479-492.

[2] Andrews D G, Holton J R, LEOVY C B. Middle atmosphere dynamics [M]. New York Academic Press, 1987.

[3] Booker J R, Bretherton F P. The critical layer for internal gravity waves in a shear flow [J]. Journal of Fluid Mechanics, 1967, 27: 513-539.

[4] Bretherton F P. Momentum transport by gravity waves [J]. Quarterly Journal of the Royal Meteorological Society, 1969, 95: 213-243.

[5] Baldwin M P, Dunkerton T J. Propagation of the arctic oscillation from the stratosphere to the troposphere [J]. Geophys. Res. , 1999, 104 (D24) : 30937-30946.

[6] Coughlin K, Gray L J. A continuum of sudden stratospheric warmings [J]. Atmos. Sci. , 2009, 66 (2) : 531-540.

[7] Camp C D, Tung K K. Stratospheric polar warming by ENSO in winter: A statistical study [J]. Geophys. Res. Lett. , 2007, 34 (4) : L04809.

[8] Dunkerton T J. Nonlinear propagation of zonal winds in all atmosphere with Newtonian cooling and equatorial wave driving [J]. Journal of the Atmospheric Sciences, 1991, 48: 236-263.

[9] Dunkerton T J. The role of gravity waves in the quasi-biennial oscillation [J]. Journal of Geophysical Research-Atmospheres, 1997, 102: 26053-26076.

[10] Deng S, Chen Y, Luo T, et al. The possible influence of stratospheric sudden warming on East Asian weather [J]. Adv. Atmos. Sci. , 2008, 25 (5) : 841-846.

[11] Ebdon R, Veryard R. Fluctuations in equatorial stratospheric winds [J]. Nature, 1961, 189: 791-793.

[12] Gray L, Pyle J. A two-dimensional model of the quasi-biennial oscillation of ozone [J]. Journal of the Atmospheric Sciences, 1989, 46: 203-220.

[13] Holton J R, Lindzen R S. An updated theory for the quasi-biennial cycle of the tropical stratosphere [J]. Journal of the Atmospheric Sciences, 1972, 29: 1076-1080.

[14] Holton J R. The dynamics of sudden stratospheric warmings [J]. Ann. Rev. Earth Planet Sci, 1980, 8 (1): 169-190.

[15] Haynes P H . The latitudinal structure ofthe quasi-biennial oscillation [J]. Quarterly Journal of the Royal Meteorological Society, 1998, 124: 2645-2670.

[16] Kanzawa H. The behavior of mean zonal wind and planetary-scale disturbances in the tropo-

sphere and stratosphere during the 1973 sudden warming [J]. Meteor. Soc. Japan, 1980, 58: 329-356.

[17] Kodera K, Kuroda Y. Pawson S. Stratospheric sudden warmings and slowly propagating zonal-mean zonal wind anomalies [J]. Geophys. Res., 2000, 105 (D10): 12351-12359.

[18] Keil M, Jackson D R, Hort M C. The January 2006 low ozone event over the UK [J]. Atmo. Chem. Phys., 2007, 7 (3): 961-972.

[19] Lindzen R S, Holton J R, A theory of quasi-biennial oscillation [J]. Bulletin of the American Meteorological Society, 1968, 49: 1027-1035.

[20] Lindzen R S, Holton J R. A theory of quasi-biennial oscillation [J]. Bulletin of the American Meteorological Society, 1968, 49: 847-856.

[21] Lindzen R S, On the development of the theory of the QBO [J]. Bulletin of the American Meteorological Society, 1987, 68: 329-337.

[22] Labitzke K. The amplification of height wave 1 in January 1979: A characteristic precondition for the major warming in February [J]. Mon. Wea. Rev. 1981, 109 (5): 983-989.

[23] Matthewman N J, Esler J G, Charlton-Perez A J. A new look at stratospheric sudden warmings. Part III: Polar vortex evolution and vertical structure [J]. Climate, 2009, 22 (6): 1566-1585.

[24] Maruyama T. Large-scale disturbances in the equatorial lower stratosphere [J]. Journal of the Meteorological Society of Japan. Ser. II, 1967, 45: 391-408.

[25] Maruyama T. Annual and QBO. synchronized variations of lower stratospheric equatorial wave activity over Singapore during 1961-1989 [J]. Journal of the Meteorological Society of Japan. Ser. II, 1991, 69: 219-232.

[26] Matsuno T. A dynamical model of the stratospheric sudden warming [J]. Atmos. Sci., 1971, 28 (8): 1479-1494.

[27] Manney G L, Sabutis J L, Swinbank R. A unique stratospheric warming event in November 2000 [J]. Geophys. Res. Lett. 2001, 28 (13): 2629-2632.

[28] Mcintyre M E. The quasi-biennial oscillation (QBO): Some points about the terrestrial QBO and the possibility of related phenomena in the solar interior [M]. Heidelberg: Springer, 1994: 293-320.

[29] O'Neil A, Youngblit C E. Stratospheric warmings diagnosed using the transformed Eulerian mean equation and the effect of the mean state on wave propagation [J]. Atmos. Sci., 1982, 139 (6): 1370-1386.

[30] Plumb R, The interaction of two internal waves with the mean flow: Implications for the theory of the quasi-biennial oscillation [J]. Journal of the Atmospheric Sciences, 1977, 34: 1847-1858.

[31] Reed R J, Campbell W J, Rasmussenl A, et al. Evidence of a downward-propagating, annual wind reversal in the equatorial stratosphere [J]. Journal of Geophysical Research, 1961, 66: 813-818.

[32] Randel W J, Wu F, Swnbank R, et a1. Global QBO circulation derived from UKMO stratospheric analyses [J]. Journal of the Atmospheric Sciences, 1999, 56: 457-474.

[33] Scott R, Haynes P. Internal interannual variability of the extratropical stratospheric circulation: The low-1atitude flywheel [J]. Quarterly Journal of the Royal Meteorological Society, 1998, 124: 2149-2174.

[34] Scherhag R. Die explosionsartige stratosphärenerwarmungen desspätwinters 1951-1952 [J]. Berichte des Deutschen Wetterdienstes, 1952, 52 (6): 173-118.

[35] Sonnemann G R, Grygalashvyly M, Berger U. Impact of a stratospheric warming event in January 2001 on the minor constituents in the MLT region calculated on the basis of a new 3D-model LIMA of the dynamics and chemistry of the middle atmosphere [J]. Atmos. Solar-Terrest. Phys., 2006, 68 (17): 2012-2025.

[36] Palmer T N. Aspects of stratospheric sudden warming studied from a transformed Eulerian-mean viewpoint [J]. Geophys. Res., 1981, 86 (A12): 9679-9687.

[37] Wallace J M, Holton J R. A diagnostic numerical model of quasi-biennial oscillation [J]. Journal of the Atmospheric Sciences, 1968, 25: 280-291.

[38] Wallace J M, Kousky V. Observational evidence of Kelvin waves in the tropical stratosphere [J]. Journal of the Atmospheric Sciences, 1968, 25: 900-907.

[39] Wüst S, Bittner M. Resonant interaction between two planetary waves as a precursor for stratospheric warmings [J]. Atmos. Solar-Terres. Phys., 2011, 73 (7-8): 771-778.

[40] 陈隆勋. 冬半年平流层中部环流的变化及其爆发性增温现象 [J]. 气象学报, 1962, 32 (1).

[41] 吕达仁, 孙宝来, 李立群. 2002. 零风层与我国首次高空气球停留试验 [J]. 目标与环境特性研究, 22 (1): 45-51.

[42] 商林, 刘毅, 王永, 等. 临近空间的臭氧和辐射场的季节分布特征 [C]. 第二届高分辨率对地观测学术年会, 2013.

[43] 陶梦初, 何金海, 刘毅. 平流层准零风层统计特征及准两年周期振荡对其影响分析 [J]. 气候与环境研究, 2012, 17 (1): 92-102.

[44] 邓淑梅, 陈月娟. 平流层爆发性增暖的时空分布特征 [J]. 中国科学技术大学学报, 2006, 36 (4): 445-452.

[45] 胡雄, 张训械, 黄信榆. 对流层强迫与平流层暴发性增温 [J]. 地球物理学报, 1996, 39 (2): 169-177.

[46] 陆春晖, 刘毅, 陈月娟, 等. 2003—2004 年冬季平流层爆发性增温动力诊断分析 [J]. 大气科学, 2009, 33 (4): 726-736.

[47] 谢再红，李忠贤，倪东鸿．两类极区平流层异常增温的特征及其与 850hPa 温度的关系［J］．气象与减灾研究，2010，33（4）：16-22.
[48] 李琳，李崇银，谭言科，等．平流层爆发性增温对中国天气气候的影响及其在 ENSO 影响中的作用［J］．地球物理学报，2010，53（7）：1529-1542.
[49] 盛日锋，王盘兴，闵凡花．近 50 a 平流层强爆发性增温事件及其变化规律分析［J］．南京气象学院学报，2005，28（2）：241-247.
[50] 易明建，陈月娟．南极爆发性增温后微量气体的分布特征［J］．中国科学技术大学学报，2008，38（1）：41-49.

第5章

中高层大气预报方法

中高层大气是日地能量耦合系统的关键区域之一，有着与其他大气层不同的、复杂的辐射、光化学和动力学过程。中高层大气易受来自下面的低层大气过程以及来自上面的太阳活动/空间天气过程的影响，其预报难度大。目前对中高层大气预报主要采用数值模式预报和统计预报技术。本章主要介绍中高层大气主要相关资料与同化方法，以及预报技术原理及应用。

5.1 中高层大气资料与同化方法

5.1.1 UARS 卫星观测

1991 年 9 月 12 日美国 NASA（Nation Aeronautics and Space Administration）发射了高层大气研究卫星 UARS（Upper Atmosphere Reseach Satellite），轨道高度 585km，赤道倾角 57°，用来开展对平流层大气进行系统地研究，并且提供关于中间层和热层的新数据，测量温度垂直廓线、痕量气体浓度和水平风速，以理解中高层大气结构和过程的控制机制以及高层大气对自然界和人类活动的响应。UARS 上搭载 HALOE（halogen occultation experiment）、CLAES（cryogenie limbarray etalon spectrometer）和 MLS（microwave limb sounder）等探测仪器，可以实现对中高层大气多种微量化学成分进行高质量的观测；HRDI（high resolution doppler imager）和 WINDII（wind imaging interferometer）可以对中高层大气风场等开展全球观测。

1. HALOE/UARS 资料

UARS 星载的卤素掩星试验装置 HALOE（halogen occultation experiment）采用太阳掩星法测量大气微量气体和气溶胶的垂直分布。即当太阳相对于某地是刚升起或落下时，HALOE 测量来自太阳方向并与大气相切高度上的太阳辐射，再由此反演该地微量气体与气溶胶消光系数等的垂直分布。它可同时测量大气 O_3、HCl、HF、CH_4、H_2O、NO、NO_2、气溶胶消光和温度等的垂直分布。HALOE 提供的资料其经向测量范围为 80°S~80°N，但在冬半球高纬度地区缺少观测，它的垂直分辨率很高，从地表面到 10^{-6}hPa，共有 271 层。其观测高度从大约 15km 延伸到 60~130km，不同气体其观测高度范围不完全相同，NO 的观测高度最高，达到 130km，NO_2最低，只到达 50km 附近，HF 和 HCl 可到达 60km，水汽和甲烷到达 80km，O_3 的观测高度可达到 90km 左右。关于 HALOE 资料的可信度，1996 年国外学者曾分别对 HALOE 观测的 O_3、NO_x、H_2O、CH_4、HF 和 HCl 以及温度资料与气球、雷达、火箭探空以及其他卫星的观测资料进行过对比，结果表明，HALOE 提供了很好的平流层 O_3 资料，从 100hPa 到 0.03hPa 气层 HALOE 资料都在其他相关的观测误差范围之内。在 30~1hPa 气层，HALOE 的 O_3 观测值比其他相关的观测值大约低 5%，由于早期对 Pinatubo 火山灰气溶胶影响的订正不够，使早期 HALOE 观测资料在平流层下层有时误差较大，但它与其他观测值的差不超过 20%。至于其他微量气体，HALOE 观测资料与其他相关仪器观测的差值：NO 和 NO_2为 10%~15%，H_2O 为 ±10%，CH_4小于 15%，HCl 为 8%~19%，HF 在 5~50hPa 间小于 7%，总的说来，在平流层 HALOE 的观测精度是比较高的，而在 100hPa 以下误差大一些。1996 年之后，HALOE 资料又进行过两次大的修正，使各种微量气体的观测精度（特别是在对流层顶附近和平流层下层）都有所提高。就 O_3 而言，订正后的 HALOE 资料与同时的 O_3 探空资料相比其差值不超过 10%的区域在热带和副热带地区已下降到 100hPa，在温带地区已下降到 200hPa。由于 HALOE 资料提供了多种微量成分信息且精确性较高，世界气候计划（WCRP）中的子计划《平流层过程及其在气候中的作用》（*SPARC-Stratospheric Processes And their Role in Climate*）也将 HALOE 资料作为其研究工作的重要资料之一。

2. CLAES/UARS 资料

低温学分支阵列标准件分光计 CLAES（cryogenie limb array etalon spectrometer）可以对 10～60km 间 O_3、CH_4、N_2O、N_2O_5、H_2O、NO、NO_2、HNO_3、$ClONO_2$、$CFCl_3$和 HCl 等成分进行探测，垂直分辨率约为 2.5km，覆盖的纬度范围主要在南北半球 34°～80°之间。

3. MLS/UARS 资料

微波临边探测器（microwave limb sounder，MLS）可以对平流层 ClO（15～45km）、O_3（15～80km）和 H_2O（15～85km）等要素进行观测。观测范围在南北纬 34°～80°之间。

4. HRDI/UARS 资料

UARS 卫星搭载的高分辨率多普勒成像仪（high resolution doppler imager，HRDI）和风成像干涉仪（wind imaging interferometer，WINDII）设备首次针对中高层大气风场开展全球观测。HRDI/UARS 设备是第一个提供对平流层、中间层和低热层地球水平风场直接测量的仪器，是测量平流层和中间层动力过程的主要设备，WINDII/UARS 对上中间层和热层的风进行测量。HRDI/UARS 的科学观测从 1991 年 11 月 2 日开始，其目标是在白天探测平流层（10～40km）、中间层和低热层（50～120km）的矢量风，以及在夜晚探测低热层（约 95km）的矢量风，其基本原理是利用氧分子转动线的多普勒频移来测量风矢量。HRDI/UARS 还探测中间层和低热层的温度和体积放射率，进而通过反演得到 O_3 和 $O(^1D)$浓度，与此同时也探侧平流层的气溶胶散射系数。HRDI/UARS 在 1995 年 4 月之前近乎满负荷地运行，在 1995 年 4 月，UARS 的太阳能电池板旋转机构失效，这样，太阳能电池板只能停止在一个位置。HRDI/UARS 从 1995 年 4 月开始大约有 50%的时间在运行，在 1992 年 4 月 HRDI/UARS 部分配件失灵，造成数据暂时缺测。

根据 UARS 卫星的轨道，该数据纬度覆盖范围在一个半球达到大约

70°，另一个半球则达到 40°。HRDI/UARS L3 数据是不规则格点逐日数据，纬度间隔是 4°，经度履盖全球，间隔不等；垂直高度范围为 15～115km，每层数据垂直间隔在 60km 以下为 5km，60km 以上为 3km。其中，40km、45km 和 50km 这 3 层没有测量数据；数据精度为 5m/s。

5.1.2 TIMED/SABER 卫星观测

TIMED（thermosphere、ionosphere、mesosphere energetics and dynamics）卫星由美国约翰斯·霍普金斯大学应用物理实验室设计、研制和运营，是 NASA 的第一颗太阳能地球探测卫星，是迄今为止第一次对地球中间层和低热层/电离层以及人类缺乏了解的高层大气进行深入、全面研究的航天任务，于 2001 年 7 月发射升空，其搭载 10 通道宽带的大气红外辐射计探测仪 SABER（sounding of the atmosphere using broadband emission radiometry）用来观测大气在一定宽广的高度和光谱范围的热辐射，在 TIMED 卫星沿轨道飞行过程中采用临边测量 CO_2的红外辐射获取从低平流层到低热层的垂直廓线。TIMED 卫星轨道高度是 625km，倾角是 74.1°，轨道周期为 1.6h，每天大约有 15 个轨道，每个轨道大约有 96 个事件，因而每个正常工作日可以获得 1000 多个剖面数据。TIMED 卫星的轨道沿纬圈缓慢进动，其地方时每天迁移约 12min，因此，对于每个上升或下降相位的探测覆盖 24h 大约需要 120 天。每天的观测集中在两个地方时上，由卫星相位（上升/下降）划分，在经圈方向基本均匀分布。其纬度覆盖从一个半球的 52°到另一个半球的 83°，大约每 60 天变换一次。因而，120 天的数据集合不仅能较好地覆盖到两半球的高纬度地区，而且也可以较全面地覆盖地方时。目前，V1.07 的 SABER 温度观测资料数据改进了 UMLT 区域的非局部热动平衡算法，其温度数据已经得到验证。Remsberg 等（2008）指出，与 Envisat 卫星上的 MIPAS（michelson interferometer for passive atmospheric sounding）温度测量、英国气象局的分析资料、地基 Rayleigh 雷达相比，SABER 温度资料在低平流层高 1～3K，在平流层顶附近低约 1K，在中间层的中部低约 2K；在上中间层，SABER 温度大体比 Rayleigh 雷达的观测温度低，其差异是变化的，但与 UARS 卫星上 HALOE 温度探测的平均差异接近于 0；在 UMLT，SABER 温度剖面与从地基测量的 OH 和 O_2辐射反演的温度及钠雷达的测量结果一致；SABER 数据可用于研究中层，尤其是 UMLT 区域，大气的日-年尺度的变化。

5.1.3 AURA 卫星观测

Aura 卫星于 2004 年 7 月发射升空，是由多个国家的航天航空局共同研制的科学探测卫星，其主要任务是开展对地臭氧层、空气质量和气候变化的观测和研究。在 Aura 卫星上搭载 4 个对地观测仪器：高分辨率动态临边探测器（HRDLS）、微波临边探测器（MLS）、对流层放射光谱仪（TES）、臭氧监测仪（OMI）。下面介绍其两种仪器资料。

1. MLS/Aura 资料

Aura 卫星上的微波临边探测（microwave limb sounder，MLS）是卫星遥感大气垂直分布最有代表性的技术之一。它能够测量多种大气化学成分和气象要素（如温度、气压等）从上对流层到中间层的垂直分布，是卫星遥感大气垂直分布的主流产品；MLS 通过探测上层大气不同化学成分在毫米和亚毫米波段辐射来实现测量。MLS/Aura 目前发布全球水汽和臭氧垂直廓线数据，包括 2.2（2007 年 4 月发布）和 3.3（2011 年 1 月发布）两个版本的产品。3.3 版数据由于明显改进了反演技术，体现在不同高度上数据的垂直分辨率有所提高；2.2 版水汽的垂直分辨率在 316hPa 是 1.5km，至 147hPa 增加到 3.3～3.5km，向上到 4.6hPa 一直维持在约 3.5km；水平分辨率在 4.6hPa 以下为 185～320km；3.3 版水汽的垂直分辨率在 316～0.22hPa 为 2.0～3.7km；水平分辨率在 4.6hPa 以下为 210～360km。对于水汽，数据分辨率差别主要是在 22hPa 以上，而 22hPa 以下两版数据差别小于 10%。3.3 版本在反演算法上采用基于吸收腔体测量技术而确定的水汽带宽比 2.2 版的要窄 4%，消除了 31～26hPa 时 2.2 版数据的锯齿形误差。

2.2 版臭氧的垂直分辨率在 215～0.22hPa 约为 3km；水平分辨率为 200～400km。3.3 版臭氧的垂直分辨率在 261～0.22hPa 约为 2.5km；水平分辨率在平流层以下为 300～450km。3.3 版本提高了在上对流层和下平流层高度数据的垂直分辨率，但是云可能使 3.3 版臭氧浓度在上对流层高度离散度增加、数据的垂直分布在热带地区更容易出现振荡现象。

2. OMI/Aura 资料

臭氧监测仪（ozone monitor instrument，OMI）的波长范围为 270～500nm，光谱分辨率约为 0.5nm，空间分辨率为 $24\times13\text{km}^2$，视场大小为 114°，相应的地面扫描幅宽为 2600km。OMI 使用高光谱成像，以推扫方式观测可见光和紫外波段太阳后向散射辐射，通过测量地球大气和表面的后向散射辐射，利用臭氧在波段 331.2nm 和 317.5nm 的强吸收的特性进行臭氧总量的反演，高光谱能力改进了臭氧总量的测量精度，其观测范围为（89.5°S~89.5°N，179.5°W~179.5°E）。

5.1.4 观测数据集资料

1. IGRA 数据集

IGRA（integrated global radiosonde archive）数据集是美国海洋大气管理局（NOAA）国家气候数据中心（NCDC）研制的全球无线电探空资料数据集。IGRA 数据集包含经质量控制的 1938 年至今多层次、多要素逐日全球上千个站点探空资料，其中 918 个站点分布在北半球，低纬度地区（0°N~20°N）站点为 125 个，中纬度地区（20°N~50°N）站点为 514 个，高纬度地区（50°N~90°N）站点为 279 个；192 个站点分布在南半球，低纬度地区 78 个站点，中纬度地区 91 个站点，高纬度地区 23 个站点。该数据集的垂直高度分辨率按照国家的不同而不同，一般来说，美国、欧洲、日本等国家和地区站点数据质量较高，500hPa 以下均有 30 个气压层左右的观测资料，相反非洲和亚洲的一些站点却只有 10 个气压层甚至更少的观测资料。在垂直方向上，该探空数据集中包括标准等压面层、特性层及风层的资料；探测要素包括位势高度、压强、温度、相对湿度、风向和风速。探测高度一般可达到 10hPa（约 28km）左右，观测一般每天两次，为 0000UTC 和 1200UTC（世界时）。

2. SPARC 数据集

美国国家海洋大气管理局气候资料中心（NOAA/NCDC）编辑整理的包括美国和一些热带太平洋岛屿的高分辨率探空资料并公布在 SPARC（Stratospheric Processes and Their Role in Climate）数据网站上（http://www.sparc-climate.org/data-center/）。此数据集提供美国本土地区、阿拉斯加、夏威夷、加勒比海和西太平洋群岛的一共 93 个美国站点从 1998 年到 2011 年共 14 年的垂直高分辨率资料。其中，92 个站点分布在北半球，低纬度地区（0°N~20°N）站点为 11 个，中纬度地区（20°N~50°N）站点 68 个，高纬度地区（50°N~90°N）站点 13 个，另一个站点在南半球低纬度地区。这 93 个站点中，约 70%的站点使用的是 Väisälä RS-80 系列 Radiosonde，约 30%的站点使用的是 VIZ B2 系列 Radiosonde。前者测量温度的精度约为 0.2K，后者测量温度的精度约为 0.3K。值得注意的是，2006 年以前的数据采样时间间隔为 6s，气球平均上升速率为 5m/s，高度采样约为 30m。为方便处理，对这一部分数据进行线性插值和 3 次样条插值，得到高度分辨率为 50m 的温度、压强、湿度和风场的廓线。而在 2006 年以后，由于技术和硬件的改进，美国一部分站点陆续采用了更高精度的探空气球，数据采样时间间隔提升为 1s，这一部分数据同样采样线性插值和 3 次样条插值，得到更高分辨率（5m）的大气物理参量数据。探测高度一般可达到 30km 左右，有时甚至可到 40km。观测一般每天两次，为 0000UTC 和 1200UTC（世界时）。

5.1.5　全球再分析资料

1. ERA-Interim 再分析资料

ERA-Interim 是欧洲中期天气预报中心 ECMWF（European Center for Medium-range Weather Forecast）目前最新的全球再分析产品（详见：http://www.ecmwf.int/ re-search/era/do/get/era-interim/）。它是在 ERA-40 的基础上进行了很大的改进，目的在于构建新的大气再分析资料来替代 ERA-40。该资料从 1979 年开始到现在，并且在不断更新，数据从 1000hPa 到 1hPa 垂直分层 37 层，在平流层也有较高的垂直精度，水平分辨率有多种选择，区域最细的分辨率是 0.125°×0.125°，提供常规的气象要素和臭氧质量混合比数据。ERA-Interim 与 ERA-40 有很大的不同，主要区分于资料同化方面和观测资料的使用。在资料同化方面，ERA-Interim 先进之处在于它使用了 12h 四维变分同化（4DVAR）技术、T255 水平高分辨率（约 50km）、优化的背景误差限制、新的湿度分析、模式使用新的物理参数化过程、采用 ERA-40 和 JRA-25 数据质量控制经验、对卫星辐射资料进行变分偏差修正，并改进了偏差处理方案、更广泛地使用辐射资料以及运用改进后的快速辐射传输模式；在观测资料的使用方面，ERA-Interim 几乎使用了 ERA-40 所用的所有观测资料，并且还用了更多的卫星和地面观测资料，其质量也较 ERA-40 所使用的数据明显提升。

2. NCEP/FNL 再分析资料

FNL 再分析资料（final operational global ananlysis）来自于美国气象环境预报中心 NCEP 的全球资料同化系统（global data assimilation system,

GDAS)，该系统同样使用高分辨率（T254L64）的 GFS 谱模式，但其在 GFS 初始化后 1h 或更晚才准备 FNL 资料，这样可以获取更多的观测资料。GDAS 系统同化了地面观测、无线电探空、探空气球、飞机及卫星观测资料，其后处理模块将其输出结果转化为全球 1°×1°、27 个标准气压层（包括地面）、时间间隔为 6h 的 GRIB1 码全球资料。FNL 资料的每个文件内包含温度、位势高度、海平面气压、臭氧等 29 种资料，供用户免费下载使用（http://dss.ucar.edu/data-sets/ds083.2/）。该资料有效时间范围为 1999 年 7 月 30 日至今，可作为长期业务模式存档分析资料使用。

5.1.6 资料同化方法

资料同化是利用一切有用的信息（如大气运动的物理规律、观测资料、观测资料的不确定性及待定量的气候状态估计），尽可能准确地估计处于某一时刻的大气状态。气象上把 Panofsky（1949）的开创性工作作为资料同化的真正开端。他用一个多项式展开去拟合包含数个分析格点的一小块分析区域中所有观测点。同时尝试了将动力约束（地转关系）引入其中以协调风场和质量场，第一次实现了真正意义上的客观分析。Gilehrist 和 Cressman（1954）在此基础上，针对 Panofsky 方法中不同区域间分析的不连续性，提出了“区域多项式”插值方案。通过拟合每个分析格点影响区域的所有观测值，实现了客观分析的重大改进。后来，各种新的资料同化方法逐步发展起来，主要包括最优插值法、卡尔曼滤波法和变分同化方法等。

1. 单源观测资料最优插值技术

最优插值理论是由 Eliassen 于 1954 年提出的，Gandin 在 1963 年利用最优插值理论进行客观分析，Loren 和屠伟铭等将最优插值理论推广到观测资料和预报偏差的三维多变量插值中。最优插值法假设背景场误差的协方差矩阵是定常的，而协方差矩阵模型通常是随距离呈指数递减的函数。最优插值法具有综合处理不同类型观测资料的能力，适合于对不同类型、不同时次的观测资料进行四维同化分析。因此，最优插值法已成为一种用得最多的同化方法，欧洲中期天气预报中心和美国国家气象中心都采用了最优插值方法进行客观分析。

在最优插值法中，网格点的分析值是由网格点的初估值（又称背景值）加上修订值而确定的，修订值由各测站的观测值与初估值的偏差加权求得，权重系数（即最优插值系数）不是任意选择的，它应使网格点分析值的误差达最小。单变量 $\boldsymbol{\nu}$ 的最优插值表达式为

$$\boldsymbol{\nu}_{\mathrm{m}}^{\mathrm{a}}=\boldsymbol{\nu}_{\mathrm{m}}^{\mathrm{e}}+\boldsymbol{K}(\boldsymbol{\nu}_{\mathrm{s}}^{\mathrm{o}}-\boldsymbol{H}\boldsymbol{\nu}_{\mathrm{m}}^{\mathrm{e}}) \tag{5.1}$$

式中：$\boldsymbol{\nu}_{\mathrm{m}}^{\mathrm{a}}$ 为网格点上的变量分析值；$\boldsymbol{\nu}_{\mathrm{m}}^{\mathrm{e}}$ 为网格点上的变量初估值；$\boldsymbol{K}$ 为权重系数；$\boldsymbol{\nu}_{\mathrm{s}}^{\mathrm{o}}$ 为观测站点的变量观测值；$\boldsymbol{H}$ 为双线性插值算子。权重系数矩阵 $\boldsymbol{K}$ 的表达式为

$$\boldsymbol{K}=\boldsymbol{P}^{\mathrm{f}}\boldsymbol{H}^{\mathrm{T}}\left(\boldsymbol{H}\boldsymbol{P}^{\mathrm{f}}\boldsymbol{H}^{\mathrm{T}}+\boldsymbol{R}\right)^{-1} \tag{5.2}$$

式中：$\boldsymbol{P}$ 为背景场误差协方差矩阵；$\boldsymbol{R}$ 为观测误差协方差矩阵。要计算权重系数矩阵，必须先估算背景场误差协方差矩阵和观测误差协方差矩阵。

对 $\boldsymbol{P}$ 的确定基于以下两个假设条件：一是 $\boldsymbol{P}$ 为定常的；二是背景场误差的水平相关性满足随水平距离的增加相关性呈指数递减的规律。于是有

$$\boldsymbol{P}^{\mathrm{f}}=\boldsymbol{D}^{0.5}\boldsymbol{\rho}\boldsymbol{D}^{0.5} \tag{5.3}$$

式中：$\boldsymbol{\rho}$ 为背景场误差水平相关矩阵；$\boldsymbol{D}$ 为背景场误差组成的对角线矩阵。

$$\rho(r,t)=c\left(1-\frac{r^2+t^2}{L^2}\right)\exp\left(-\frac{r^2+t^2}{L^2}\right) \tag{5.4}$$

式中：c 为特定常数；L 为相关距离；采用式（5.4）来确定背景场误差的水平相关矩阵；r 为网格点离观测点的距离；t 为网格点分析与观测点的时间差。

相关距离 L 的确定方法有两种：一种采用计算相关性加以取定；另一种只考虑取用某站点周围的较近数据，并认为这些数据与之具有较大的相关性。在这里采用相关性计算的方法确定相关距离 L。相关性计算的公式为

$$R_{ij}=\frac{\langle \boldsymbol{\nu}_i\boldsymbol{\nu}_j\rangle}{\left[\langle \boldsymbol{\nu}_i\rangle^2\langle \boldsymbol{\nu}_j\rangle^2\right]^{0.5}} \tag{5.5}$$

式中：<>表示数学期望；R 为相关系数；$\boldsymbol{\nu}_i$ 为站点 i 的值；$\boldsymbol{\nu}_j$ 为站点 j 的值。在一段时间和固定的空间中，背景场误差是相对稳定的，因此，可以采用以下方法确定 $\boldsymbol{D}$，利用经验预报模式计算稳定且连续输出一段时间参数后，计算整个区域参数的时间、空间方差分布，并确定其均值。观测误差协方差矩阵可采用和模式数据相同的处理方法进行确定。

2. 多源观测资料多尺度卡尔曼滤波融合技术

不同的观测资料在完成最优插值后将形成多源多尺度观测资料，此时

将不同尺度的多源数据看作不同的系统状态进行卡尔曼滤波，实现多源多尺度观测资料的融合。首先，根据中上层大气参数自身变化比较平缓的特性，用卡尔曼滤波来协调中上层大气参数自身变化的误差特性，因此把中上层大气参数变化作为一个平稳的随机过程，将多源尺度观测资料作为不同观测资料来处理，基于将卡尔曼滤波融合某次观测资料后的结果作为背景场的思想，将多源多尺度观测资料依次进行卡尔曼滤波，最后得到整体融合结果。$\boldsymbol{X}(n)$表示大气参数状态，$\boldsymbol{P}_{X(n-1)}$是大气参数过程的误差协方差矩阵，$\boldsymbol{Y}(n)$是观测资料，$\boldsymbol{P}_{Y(n)}$是观测资料的误差协方差矩阵，利用卡尔曼滤波可表示为

$$\boldsymbol{X}^{-}(n)=\boldsymbol{\Phi X}(n-1) \tag{5.6}$$

$$\boldsymbol{P}_{X^{-}(n)}=\boldsymbol{\Phi P}_{X(n-1)}\boldsymbol{\Phi}^{\mathrm{T}}+\boldsymbol{Q} \tag{5.7}$$

计算增益矩阵，即

$$\boldsymbol{K}(n)=\boldsymbol{P}_{X^{-}(n)}\boldsymbol{A}^{\mathrm{T}}(n)\left[\boldsymbol{A}(n)\boldsymbol{P}_{X^{-}(n)}\boldsymbol{A}^{\mathrm{T}}(n)-\boldsymbol{P}_{Y(n)}\right]^{-1} \tag{5.8}$$

故可求出滤波后的状态矢量和模式误差协方差矩阵为

$$\boldsymbol{X}(n)=\boldsymbol{X}^{-}(n)+\boldsymbol{K}(n)\left[\boldsymbol{Y}(n)-\boldsymbol{A}(n)\boldsymbol{X}^{-}(n)\right]=\boldsymbol{P}_{X^{-}(n)}\left[\boldsymbol{A}^{\mathrm{T}}(n)P_{Y(n)}^{-1}Y(n)+\boldsymbol{P}_{X^{-}(n)}^{-1}\boldsymbol{X}^{-}(n)\right] \tag{5.9}$$

$$\boldsymbol{P}_{X(n)}=\left[1-\boldsymbol{K}(n)\boldsymbol{A}(n)\right]\boldsymbol{P}_{X^{-}(n)}=\left(\boldsymbol{A}(n)^{\mathrm{T}}\boldsymbol{P}_{Y(n)}^{-1}\boldsymbol{A}(n)+\boldsymbol{P}_{X^{-}(n)}^{-1}\right)^{-1} \tag{5.10}$$

故可导出多源资料卡尔曼滤波的融合递推模型如图 5.1 所示。

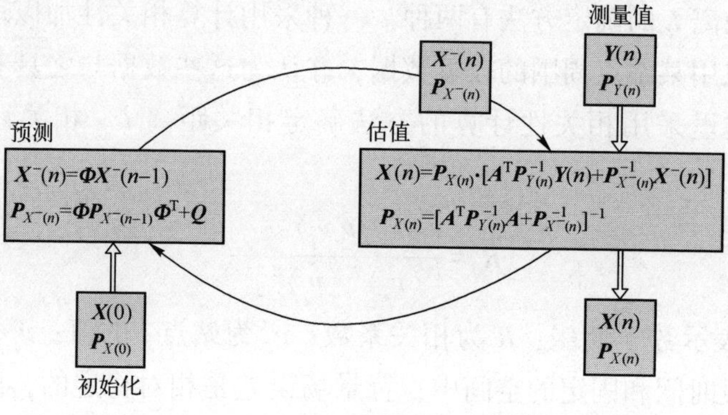

图 5.1　卡尔曼滤波的融合递推模型

3. 三维变分同化方法

变分方法最早由 Sasaki（1958、1970）引入客观分析中来，这种方法是在给定的（由一个或多个大气运动方程构成的动力约束）条件下，使分

析场与观测值差别最小而得到的初始场，即将同化问题提为一个以动力模式为约束的极小化问题。与纯粹的统计差值方法相比，变分法的优势十分明显：一是变分同化更能体现复杂的非线性约束关系；二是可在目标函数中包含物理过程，并以模式本身作为动力约束，因而变分同化具有物理的一致性和动力的协调性；三是无需进行观测筛选，能同时使用所有有效观测；四是确定误差协方差时具有更大的自由度，对新型观测数据的应用能力更强。

变分同化方法的基本原理是通过求解包含背景场和观测在内的目标函数极小，得到“最佳”的分析变量，它的信息主要来自两个方面：源自以前时刻的由预报模式演变而来的先验估计信息；当前时刻的观测信息。按最优估计理论，背景场信息和观测信息在分析场中的可靠程度依赖于各自的误差统计特征，以及不同变量误差间的关联关系。当假设观测各变量是独立的，变量间的相关这一信息就只能由背景场误差协方差来提供。背景场误差协方差的结构特征决定着资料的扩展范围，即不同观测点之间的信息传递和平滑，包括将信息传递到没有观测资料的空缺点上，保持不同变量之间的平衡关系等，直接影响着资料的同化效果和客观分析场的质量。虽然提高误差估计精度不能确保每次获得的分析值都是最优的，但使获得最优结果的概率显著提高。

三维变分同化的基本思想是将资料同化归结为一个表征分析场与观测场和分析场与背景场偏差的二次泛函极小值问题。已知一个在网格点上的背景场 x^b 和若干个在非网格点上的观测值 y_0，求一个最佳分析场 x^a，则问题归结为求如式（5.11）代价函数的极小值，其资料和算法之间关系见图 5.2 所示。

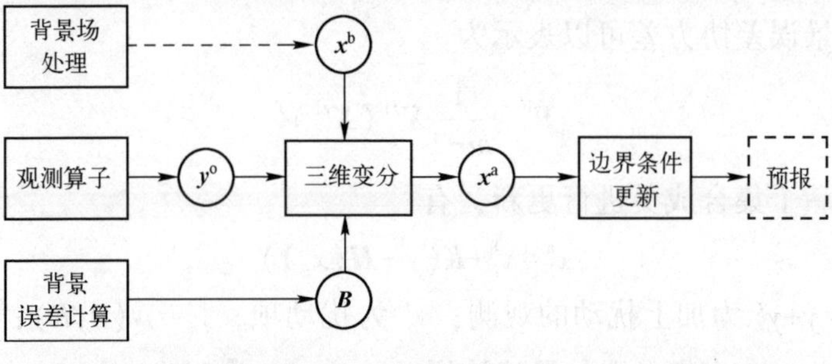

图 5.2　三维变分资料（圆）和算法（矩形）之间关系示意

$$\boldsymbol{J}(\boldsymbol{x}^{a})=\frac{1}{2}(\boldsymbol{x}^{a}-\boldsymbol{x}^{b})^{T}\boldsymbol{B}^{-1}(\boldsymbol{x}^{a}-\boldsymbol{x}^{b})+\frac{1}{2}[y^{o}-\boldsymbol{H}(x^{a})]^{T}\boldsymbol{R}^{-1}[y^{o}-\boldsymbol{H}(\boldsymbol{x}^{a})]=\min \tag{5.11}$$

$\boldsymbol{J}(\boldsymbol{x}^{a})$关于$\boldsymbol{x}^{a}$的导数为

$$\nabla_{x^{a}}\boldsymbol{J}=(\boldsymbol{x}^{a}-\boldsymbol{x}^{b})^{T}\boldsymbol{B}^{-1}-[\boldsymbol{y}^{o}-\boldsymbol{H}(\boldsymbol{x}^{a})]^{T}\boldsymbol{R}^{-1}\boldsymbol{H}'(\boldsymbol{x}^{a})=0$$

$$\Rightarrow\boldsymbol{x}^{a}=\boldsymbol{x}^{b}+\boldsymbol{B}\boldsymbol{H}^{T}\boldsymbol{R}^{-1}[\boldsymbol{y}^{o}-\boldsymbol{H}(\boldsymbol{x}^{a})] \tag{5.12}$$

式中：$\boldsymbol{x}^{a}$为分析场；$\boldsymbol{x}^{b}$为背景场（分析场的初估值）；y_0为观测变量；$\boldsymbol{H}$为观测算子；$H(x^{a})$为由分析变量导出的观测值；$\boldsymbol{O}$为观测误差协方差矩阵；$\boldsymbol{B}$为背景场误差协方差矩阵。$\boldsymbol{x}^{a}$和$\boldsymbol{x}^{b}$是N维模式空间的N维矢量，$\boldsymbol{y}_0$和$\boldsymbol{H}(\boldsymbol{x}^{a})$是$M$维观测空间的$M$维矢量，$\boldsymbol{B}$为$N\times N$阶矩阵，$\boldsymbol{R}$为$M\times M$阶矩阵。$\boldsymbol{H}'(\boldsymbol{x}^{a})=\boldsymbol{H}$为$\boldsymbol{H}(x^{a})$的一阶导数，$\boldsymbol{x}^{a}$即为所求的分析场。

4. 集合卡尔曼滤波方法

集合卡尔曼滤波是90年代中后期在卡尔曼滤波技术基础上发展起来的一种新方法，它利用集合预报思想，通过预报集合得到预报误差协方差矩阵，很好地克服了卡尔曼滤波技术计算量大的缺点，且不受线性模式的限制，已成为当前资料同化领域一个新的研究热点。

假设已知数值模式初始状态一个样本：$\boldsymbol{X}^{b}=(x_1^{b},x_2^{b},\cdots,x_m^{b})$

其中，$\boldsymbol{X}^{b}$代表集合，m代表集合成员数。$\boldsymbol{X}^{b}$集合状态的平均表示为

$$\overline{\boldsymbol{X}}^{b}=\frac{1}{m}\sum_{i=1}^{m}x_i^{b} \tag{5.13}$$

集合中第i个集合成员的扰动项为

$$x_i'=x_i^{b}-\overline{x}^{b}$$

定义$\boldsymbol{X}'^{b}$为扰动的集合：$\boldsymbol{X}'^{b}=(x_1'^{b},x_2'^{b},\cdots,x'^{b}_m)$

则背景误差协方差可以表示为

$$\boldsymbol{P}^{b}=\frac{1}{m-1}\boldsymbol{X}'^{b}(\boldsymbol{X}'^{b})^{T} \tag{5.14}$$

对每一个集合成员进行更新，有

$$x_i^{a}=x_i^{b}+\boldsymbol{K}(y_i-\boldsymbol{H}(x_i^{b})) \tag{5.15}$$

式中：$y_i=y+y_i'$为加上扰动的观测；y_i'为扰动项，$y_i'\sim N(0,R)$；$\boldsymbol{R}$为观测误差协方差；$\boldsymbol{K}$为集合卡尔曼滤波增益，$\boldsymbol{K}=\boldsymbol{P}^{p}\boldsymbol{H}^{T}(\boldsymbol{H}\boldsymbol{P}^{b}\boldsymbol{H}^{T}+\boldsymbol{R})^{-1}$。

在具体计算过程中，$\boldsymbol{P}^{p}\boldsymbol{H}^{T}$与$\boldsymbol{H}\boldsymbol{P}^{p}\boldsymbol{H}^{T}$按下式独立进行计算，即

$$\boldsymbol{P}^{p}\boldsymbol{H}^{T}=\frac{1}{m-1}\sum_{i=1}^{m}(x_{i}^{b}-\overline{x^{b}})(\boldsymbol{H}(x_{i}^{b})-\overline{\boldsymbol{H}(x_{i}^{b})})^{T} \tag{5.16}$$

$$\boldsymbol{H}\boldsymbol{P}^{p}\boldsymbol{H}^{T}=\frac{1}{m-1}\sum_{i=1}^{m}(\boldsymbol{H}(x_{i}^{b})-\overline{\boldsymbol{H}(x_{i}^{b})})(\boldsymbol{H}(x_{i}^{b})-\overline{\boldsymbol{H}(x_{i}^{b})})^{T} \tag{5.17}$$

式中：$\overline{\boldsymbol{H}(x_{i}^{b})}=\frac{1}{m}\sum_{i=1}^{m}\boldsymbol{H}(x_{i}^{b})$，表示已经转换到观测位置的背景场状态集合平均。

5.2　中高层大气数值模式及模拟

在数值模拟模式方面，自从 20 世纪 70 年代末至 80 年代初，一些学者在原始方程组模式中引入重力波参数化方案，成功地模拟出了与观测基本一致的纬圈平均中高层大气环流结构和热力学结构。随着空间探测技术和计算机能力的不断提高，大气数值模拟得到了飞速发展，中高层大气数值模式也不断发展起来。目前，国际上较常用的中高层大气数值模式有加拿大中高层大气模式（canadian middle atmosphere model，CMAM）、中高层大气环流模式（middle atmosphere generalcirculation model，MAGCM）、整层大气通用气候模式（whole atmosphere community climate model，WACCM）、全球化学-动力-辐射二维中高层大气模式（simulation of chemistry，radiation，and transport of environmentally important species，SOCRATES）、全球热层-电离层-中间层-电动力学环流耦合模式（thermosphere-ionosphere-mesosphere-electrodynamics general circulation model，TIME-GCM）、全球尺度波动模式（global-scale wave model，GSWM）等。这些数值模式都有各自的特点和适用范围，可根据具体的分析问题选择适合的模式开展大气环境变化的数值预报（模拟）和分析研究。本节主要介绍常用于中高层大气环境数值模拟和分析的二维中高层大气模式 SOCRATES 和整层大气通用气候模式 WACCM。

5.2.1　SOCRATES 模式

SOCRATES 是一个包括纬度和高度方向的二维物理模式，在模式中同时考虑了辐射、动力和光化过程。SOCRATES 模式自 1990 年以来经过几个版本的发展，其中 SOCRATES-3 模式已经比较完善，考虑的物理过程相对比较充分，性能比较稳定，在国内外被广泛用于中高层大气的研究中。

1. 模式的物理学框架

SOCRATES-3 模式包含了一系列的纬圈平均准地转方程，包括热通量方程、动量方程、质量连续方程和热成风关系等，用变形欧拉平均构架（transformed Eulerian mean framework，TEM）表示为

$$\frac{\partial \bar{\theta}}{\partial t}+\bar{v}^*\frac{\partial \bar{\theta}}{\partial y}+\bar{w}^*\frac{\partial \bar{\theta}}{\partial z}=Q_{\mathrm{S}}+Q_{\mathrm{IR}}+D_\theta \tag{5.18}$$

$$\frac{\partial \bar{u}}{\partial t}-\eta\,\bar{v}^*+\frac{\partial \bar{u}}{\partial z}\bar{w}^*=\bar{G}=F_{\mathrm{R}}+F_{\mathrm{G}}+F_{\mathrm{T}} \tag{5.19}$$

$$\frac{1}{\cos\phi}\frac{\partial}{\partial y}(\bar{v}^*\cos\phi)+\frac{1}{\rho_0}\frac{\partial}{\partial z}(\rho_0\,\bar{w}^*)=0 \tag{5.20}$$

$$\left(f+2\,\bar{u}\frac{\tan\phi}{a}\right)\frac{\partial \bar{u}}{\partial z}=-\frac{g}{a}\frac{\partial \bar{\theta}}{\partial y} \tag{5.21}$$

式中：$\eta=f-\frac{1}{\cos\phi}\frac{\partial}{\partial y}(\bar{u}\cos\phi)$；$z$ 为气压对数高度，定义为 $z=-\ln(p/p_0)$；p_0 为地面气压；$\bar{v}^*$ 和 $\bar{w}^*$ 为欧拉平均速度和涡动项的余差，由 $\bar{v}^*$ 和 $\bar{w}^*$ 构成的在垂直经圈平面上的环流称为变形的欧拉平均环流或剩余平均经圈环流（residual mean meridional circulation），通常简称为剩余环流（residual circulation），$\bar{v}^*$ 和 $\bar{w}^*$ 这两个量更能代表经圈平面上大气粒子的实际运动。模式的整个动力学框架由剩余环流构成，温度场和动量场随着剩余环流而产生平流输送。而纬向的动量强迫则是由行星波（F_{R}）、重力波（F_{G}）和潮汐波（F_{T}）的扩散和破碎引起的。方程中热通量的变化由太阳辐射加热（Q_{S}）、红外辐射加热（Q_{IR}）和波动以及分子扩散引起的小尺度热量扩散（D_θ）所决定。

$$D_\theta=\frac{1}{\cos\phi}\frac{\partial}{\partial y}\left(K_{yy}\cos\phi\frac{\partial \bar{\theta}}{\partial y}\right)+\frac{1}{\rho_0}\frac{\partial}{\partial z}\left(K_{zz}\rho_0\frac{\partial \bar{\theta}}{\partial z}\right)+\frac{1}{\rho_0}\frac{\partial}{\partial z}\left(K_T\rho_0\frac{\partial \bar{\theta}}{\partial z}\right) \tag{5.22}$$

式（5.22）的右边分别为经向的涡旋扩散、垂直的涡旋扩散和分子热传导效应。K_{yy}、K_{zz} 和 K_{T} 分别是经向扩散系数、垂直扩散系数和分子热传导系数。

联立控制方程式（5.18）至式（5.21），并引入流函数 χ，就可以得到平均环流的诊断方程，即

$$C_{yy}\frac{\partial^2\chi}{\partial y^2}+C_{yz}\frac{\partial^2\chi}{\partial y\,\partial z}+C_{zz}\frac{\partial^2\chi}{\partial z^2}+C_y\frac{\partial\chi}{\partial y}+C_z\frac{\partial\chi}{\partial z}=C_F\cos\phi \tag{5.23}$$

剩余环流速度与流函数的关系为

$$\overline{v}^* = -\frac{1}{\rho_0 \cos\phi} \frac{\partial}{\partial z}(\rho_0 \chi) \tag{5.24a}$$

$$\overline{w}^* = \frac{1}{\rho_0 \cos\phi} \frac{\partial}{\partial y}(\rho_0 \chi) \tag{5.24b}$$

流函数方程式（5.23）中的系数是平均纬向风和温度的函数，即

$$C_{yy} = N^2 \tag{5.25a}$$

$$C_{yz} = 2f\frac{\partial \overline{u}}{\partial z} \tag{5.25b}$$

$$C_{zz} = f\left(f + \overline{u}\frac{\tan\phi}{a} - \frac{\partial \overline{u}}{\partial y}\right) \tag{5.25c}$$

$$C_y = N^2 \frac{\tan\phi}{a} - \frac{f}{H}\frac{\partial \overline{u}}{\partial z} \tag{5.25d}$$

$$C_z = -\frac{f}{H}\left(f + \overline{u}\frac{\tan\phi}{\chi} - \frac{\partial \overline{u}}{\partial y}\right) + \frac{\partial \overline{u}}{\partial z}\left(2f\frac{\tan\phi}{a} + \frac{\partial f}{\partial y}\right) \tag{5.25e}$$

式（5.23）等号右边为强迫项，包括热通量的强迫和波动的强迫：

$$C_F = -\frac{R}{H}\frac{\partial}{\partial y}(Q_S + Q_{IR} + Q_\theta) + f\frac{\partial}{\partial z}(F_R + F_G + F_T) \tag{5.26}$$

式中：$N^2 = (7.5\times10^{-3}g)/T$；$g$ 为重力加速度；T 为温度；H 为标高；R 为通用气体常数。

2. 模式的辐射过程

SOCRATES 模式的辐射部分，非绝热加热项主要由太阳辐射加热（Q_S）和红外辐射冷却（Q_{IR}）组成，主要用 NCAR 的 CCM1 模式（community climate model）程序计算。这里简单介绍其辐射过程的处理。

为了处理大气中的辐射过程，SOCRATES 模式将大气辐射波段的波长分为 170 个谱带，不同的谱带有不同的波长分辨率：116.3～307.7nm 波段波长分辨率为 500cm^{-1}，307.7～655nm 波段波长分辨率为 5nm，655～735nm 波段波长分辨率为 10nm。对于每个波长间隔，太阳辐射的吸收和散射的方程可写为

$$\mu\frac{\mathrm{d}I(\tau,\mu)}{\mathrm{d}\tau} = I(\tau,\mu) - \frac{\omega(\tau)}{2}\int_{-1}^{1}\mathrm{d}\mu' p(\mu,\mu') - \frac{\omega(\tau)I^0}{4\pi}p(\mu,\mu_0)\mathrm{e}^{-\tau/\mu_0} \tag{5.27}$$

式中：I 为平均辐射率；I^0 为平均辐射率在模式上边界的值；τ 为光学厚度；ω 为单次散射反照率（散射消光与总消光之比）；p 为散射位相函数，用于描述散射能量的可能角分布；μ 为天顶角的余弦值；μ_0 为直射太阳波束天顶角的余弦。太阳天顶角 Z 是纬度和时间的函数，其余弦可以用下面的公式计算，即

$$\mu=\cos Z=\sin\phi\sin\delta+\cos\phi\cos\delta\cos(h_a) \tag{5.28}$$

式中：a 为太阳赤纬，它是天数的函数；h_a 为时角（正午时为 0）。

此外，模式中还考虑了大气分子的 Rayleigh 散射效应，考虑了云对紫外和可见光的散射和吸收作用等。其长波辐射覆盖了 0~3000cm^{-1}的谱带，波谱分辨率为 100cm^{-1}，主要考虑了 CO_2、H_2O、O_3、CH_4、N_2O、CFC_{11}、CFC_{12}和气溶胶对长波辐射的贡献。

3. 模式的动力学过程

SOCRATES 模式的动力学部分考虑了 3 种波动，包括行星波、重力波、潮汐波的扩散和破碎。在二维的该模式中不能直接模拟这些波动，通常的做法是采用参数化的方法。下面将概要介绍 SOCRATES 模式中行星波、重力波和潮汐波的参数化方法。

1）行星波

SOCRATES 模式中，行星波的强迫项 F_R 是作为纬向风的函数来估算的，它可以从线性波动理论推导出来。行星波的涡度方程和热力学方程可以表示成

$$\left(\frac{\partial}{\partial t}+\frac{\bar{u}}{a\cos\phi}\frac{\partial}{\partial\lambda}\right)q'+\frac{v'}{a}\frac{\partial\bar{q}}{\partial\phi}-fe^z\frac{\partial}{\partial z}(\mathrm{e}^{-z}w')=-(\beta+\delta)q' \tag{5.29}$$

$$\left(\frac{\partial}{\partial t}+\frac{\bar{u}}{a\cos\phi}\frac{\partial}{\partial\lambda}\right)T+\frac{v'}{a}\frac{\partial\bar{T}}{\partial\phi}+w'\frac{N^2H}{R}=-(\alpha+\delta)T \tag{5.30}$$

其中，位势涡度为

$$q=f+\frac{1}{a\cos\phi}\frac{\partial v}{\partial\lambda}-\frac{1}{a\cos\phi}\frac{\partial}{\partial\phi}(u\cos\phi) \tag{5.31}$$

经向风的扰动为

$$v'=\frac{1}{fa\cos\phi}\frac{\partial\Phi'}{\partial\lambda}-\frac{1}{f^2a^2}\frac{\bar{u}}{a\cos\phi}\frac{\partial^2\Phi'}{\partial\lambda\,\partial\phi} \tag{5.32}$$

式中：Φ'为位势扰动。

式（5.29）和式（5.30）的右边是一个线性的阻尼项，用来表示由于

牛顿冷却、Rayleigh 摩擦和波动的破碎引起的波的耗散，其中 α 是牛顿冷却率，β 是 Rayleigh 耗散率，δ 是行星波破碎引起的耗散率。

为了简化行星波位势涡度方程，模式采用了变形的对数气压坐标，定义为

对数气压高度，即

$$z=-\ln\left(\frac{p}{p_0}\right)$$

等价的浮力频率，即

$$s=\frac{R}{4\Omega^2 a^2}\left(\frac{\partial T}{\partial z}+\kappa T\right)$$

角速度，即

$$\tilde{u}=\frac{\bar{u}}{a\cos\phi}$$

这里，对数气压高度 z 是一个无量纲单位。

联立式（5.29）和式（5.30），消去 w'，并把式（5.31）、式（5.32）代入，构成一个只含行星波位势 $\boldsymbol{\Phi}'$的方程，再进一步引入一个新的变量 $\boldsymbol{\Psi}$ 来定义位势高度扰动，它与纬向的波数有关，可表示成

$$\boldsymbol{\Phi}'=\sqrt{s}\,\mathrm{e}^{z/2}\boldsymbol{\Psi}(\phi,z,t)\,\mathrm{e}^{im\lambda}$$

由此就可以得到一个只含 $\boldsymbol{\Psi}$ 的方程，采用 Lindzen 和 Kuo（1969）的数学积分方法，并利用高斯消元法再加上边界条件就可以解出变量 $\boldsymbol{\Psi}$，进而解出波动的纬向风扰动 u'和经向风扰动 v'。于是，行星波的动量通量散度（也就是 $E-P$ 通量散度$\nabla\cdot\boldsymbol{F}$）可由下式计算，即

$$F_R=\frac{1}{\rho_0 a\cos\phi}\nabla\cdot\boldsymbol{F}=-\frac{1}{a\cos^2\phi}\frac{\partial}{\partial\lambda}(\overline{u'v'}\cos^2\phi)+\frac{1}{\rho_0}\frac{f}{4\Omega^2a^2}\frac{\partial}{\partial z}\left(\rho_0\frac{\overline{v'\boldsymbol{\Psi}_z}}{s}\right) \tag{5.33}$$

行星波的扩散系数 K_{yy}和波的破碎耗散率 δ 是用 Garcia（1991）的方法推导出来的。Garcia（1991）采用正压不稳定作为行星波破碎的标准，假设当$|q'_y|>q_y$ 时就有波的耗散，这时纬向平均位势涡度的经向梯度通常变为负值。模式中耗散率由 WKBJ（Wentzel－Kramers－Brillouin－Jefferys）（Garcia，1991），又称为摄动法或小参数展开法来近似计算，即

$$\delta=C_{gy}\left[-\frac{5}{4}\frac{\bar{u}_y}{(\bar{u}-c)}\right]+C_{gz}\left[\frac{1}{2H}-\frac{3}{4}\frac{\bar{u}_z}{(\bar{u}-c)}\right] \tag{5.34}$$

式中：C_{gy}和C_{gz}分别为水平和垂直群速度，有

$$C_{gy}=\frac{2kl}{k^2+l^2+\frac{f^2}{N^2}\left(m^2+\frac{1}{4H^2}\right)}(\bar{u}-c) \tag{5.35a}$$

$$C_{gz}=\frac{2km\frac{f^2}{N^2}}{k^2+l^2+\frac{f^2}{N^2}\left(m^2+\frac{1}{4H^2}\right)}(\bar{u}-c) \tag{5.35b}$$

相应地，行星波扩散系数为

$$K_{yy}=\frac{\delta\,\overline{v'v'}}{k^2(\bar{u}-c)+\delta^2} \tag{5.36}$$

2）重力波

SOCRATES模式中提供两种重力波的参数化方案，分别是Lindzen-Holton（Lindzen，1981；Holton，1982）重力波参数化方案和Fritts-Lu（1993）重力波参数化方案。两种方案分别用不同的方法来计算重力波的强迫和扩散系数。

模式中默认采用Lindzen-Holton的重力波破碎方案来确定重力波的强迫F_G和垂直扩散系数K_{zz}。在这个方案中的重力波动量通量散度表示为

$$F_G=-A_g\,(\bar{u}-c)^2\left[(\bar{u}-c)-3H\frac{\partial\bar{u}}{\partial z}\right] \tag{5.37}$$

由于波的破碎引起的垂直涡动扩散系数为

$$K_{zz(GW)}=\frac{A_g}{\mathrm{Pr}}\frac{(\bar{u}-c)^4}{N_2}\left[1-3H\frac{\partial\bar{u}/\partial z}{\bar{u}-c}\right] \tag{5.38}$$

式中：Pr为普朗特数（Prandtl number）；A_g为振幅系数。这些参数与SOCRATES模式先前的版本一致，是由Brasseur和Hitchman（1987）以及Brasseur等（1990）的方法确定。

第二种参数化方案采用Fritts-Lu（1993）的方法（简称FL93）。Fritts-Lu重力波参数化方案采用了一个综合的重力波谱公式，它由观测的重力波谱决定，进而推出由于背景场变化引起的重力波能量的耗散。在这个方案中，首先需要确定的是向东和向西传播的能量（重力波总能量E_0分为向东传播的能量E_e和向西传播的能量E_w）随高度的变化，而后计算动量通量和它的垂直散度。在FL93中，能量（E_e和E_w）、动量通量（F_p）和能

量的通量（F_e）之间的关系可以表示为

$$F_p=\frac{1}{22}(E_e-E_w) \tag{5.39}$$

$$F_E=\frac{1}{18}(c_e\cdot E_e+c_w\cdot E_w) \tag{5.40}$$

重力波动量通量散度 F_G 和能量耗散率 ε 为

$$F_G=-\frac{1}{\rho_0}\frac{\partial}{\partial z}(\rho_0 F_P) \tag{5.41}$$

$$\varepsilon=-\frac{N}{\rho_0}\frac{\partial}{\partial z}\left(\frac{\rho_0}{N}F_E\right) \tag{5.42}$$

在得到了重力波的能量耗散率之后，重力波的扩散系数就可以用下面的公式计算，即

$$K_{zz(GW)}=A\frac{\varepsilon}{N^2} \tag{5.43}$$

Weinstock（1984）讨论过系数 A 的取值（等价于 Lindzen-Holton 方案中的普朗特数 Pr），他认为 A 宜为 1/3 左右甚至更小，在模式中采用 $A=0.2$。

3）潮汐波

在 SOCRATES 模式中，潮汐波的参数化是个可以选择的项目，可以选择有潮汐波或者无潮汐波的影响。模式中提供的是 Lindzen（1981）的方案。在波动方程的 WKBJ（Wentzel-Kramers-Brillouin-Jefferys）近似（又称为摄动法或小参数展开法）下，潮汐波的动量通量散度可以表示成

$$F_T=-\frac{1}{\rho_0}\frac{\partial}{\partial z}(\rho_0\overline{u'w'})=-\frac{k}{2H}\frac{(-c)^3}{N(1+l^2/k^2)^{3/2}} \tag{5.44}$$

潮汐波的垂直扩散系数可以写成

$$F_{zz(tide)}=\frac{kc^4}{N^3(1+l^2/k^2)^{3/2}}\frac{1}{2H} \tag{5.45}$$

4. 模式的化学过程

SOCRATES 模式的化学部分包含了 76 种化学成分和 183 个光化学反应，根据化学成分的寿命周期可以将其分为 3 类：52 种长寿命气体和化学族；10 种中等寿命气体；14 种短寿命气体。因不同寿命气体对于化学和动力学过程敏感性不同，分别采用不同的化学连续/输送方程。

对于长寿命气体或化学族，其寿命往往大于或可比拟于动力传输时间尺度，常见的有 HCl、HBr、CH_4、H_2O、NO_x（NO 和 NO_2）、CO_2、CO、Cl_2、奇氧族等。此时，化学成分可由完整的化学连续/输送方程（the full chemical continuity/transport equation）解得，即

$$\frac{\partial \overline{X}_i}{\partial t}+\overline{v}^*\frac{\partial \overline{X}_i}{\partial y}+\overline{w}^*\frac{\partial \overline{X}_i}{\partial z}=\frac{P_i}{[M]}-L_i\cdot\overline{X}_i+D_{X_i} \tag{5.46}$$

式中：$\overline{X}_i$为气体 i 的混合比；P_i 为气体 i 的化学产生率；$L_i\cdot\overline{X}_i$ 为其化学损失率；D_{X_i}为化学成分小尺度混合过程的传输扩散项，表示为

$$D_{X_i}=\frac{1}{\cos\phi}\frac{\partial}{\partial y}\left(\cos\phi\cdot K_{yy}\frac{\partial \overline{X}_i}{\partial y}\right)+\frac{1}{\rho_0}\frac{\partial}{\partial z}\left[\rho_0(K_{zz}+K_m)\frac{\partial \overline{X}_i}{\partial z}\right]-\frac{1}{\rho_0}\frac{\partial}{\partial z}(\rho_0\overline{w_D X_i})-w_D\overline{X}_i \tag{5.47}$$

对于中等寿命的气体，其寿命小于传输的时间尺度，相对来说，受动力过程影响较小，但其时间对于光化平衡来说又足够长，如 CH_3CHO、CH_3OOH、CH_3COOOH 等。忽略动力过程的影响，这些元素由不含输送项的连续方程解出，即

$$\frac{\partial \overline{X}_i}{\partial t}=P_i-L_i\cdot\overline{X}_i \tag{5.48}$$

对于短寿命的气体，其寿命远小于动力时间常数，满足光化平衡状态，如 Br 等。短寿命微量气体的浓度由下式计算，即

$$P_i-L_i\cdot\overline{X}_i=0 \tag{5.49}$$

模式中共使用了 183 个化学反应用来描述化学成分的变化和影响，其化学反应率主要基于美国喷气推进实验室（jet propulsion laboratory，JPL）的数据。化学反应主要包括：极地平流层冷云上的多相化学；硫酸盐气溶胶的多相化学；NO_y的化学反应；对流层物质的冲洗损失等。

5. 模拟试验分析

肖存英利用 SOCRATES-3 模式模拟研究中高层大气温度和风场的气候变化特征，并将模拟结果与中频雷达风场观测结果和 TIMED/SABER 卫星温度观测结果进行了比较分析。图 5.3 是模拟的 0~120km 大气纬圈平均温度随季节变化的等值线图。在这些图上，对流层、平流层、中间层、低热层的温度结构显示得非常清楚，对流层顶的低温特征、平流层的高温特征、中间层的极低温特征以及中间层顶夏半球高纬度地区温度比冬半球高纬度地区温度低等温度随季节的变化规律等在图中都得以表现。结果表

明，SOCRATES 模式能够较真实地模拟临近空间大气纬向平均温度的结构特点及季节变化特征。

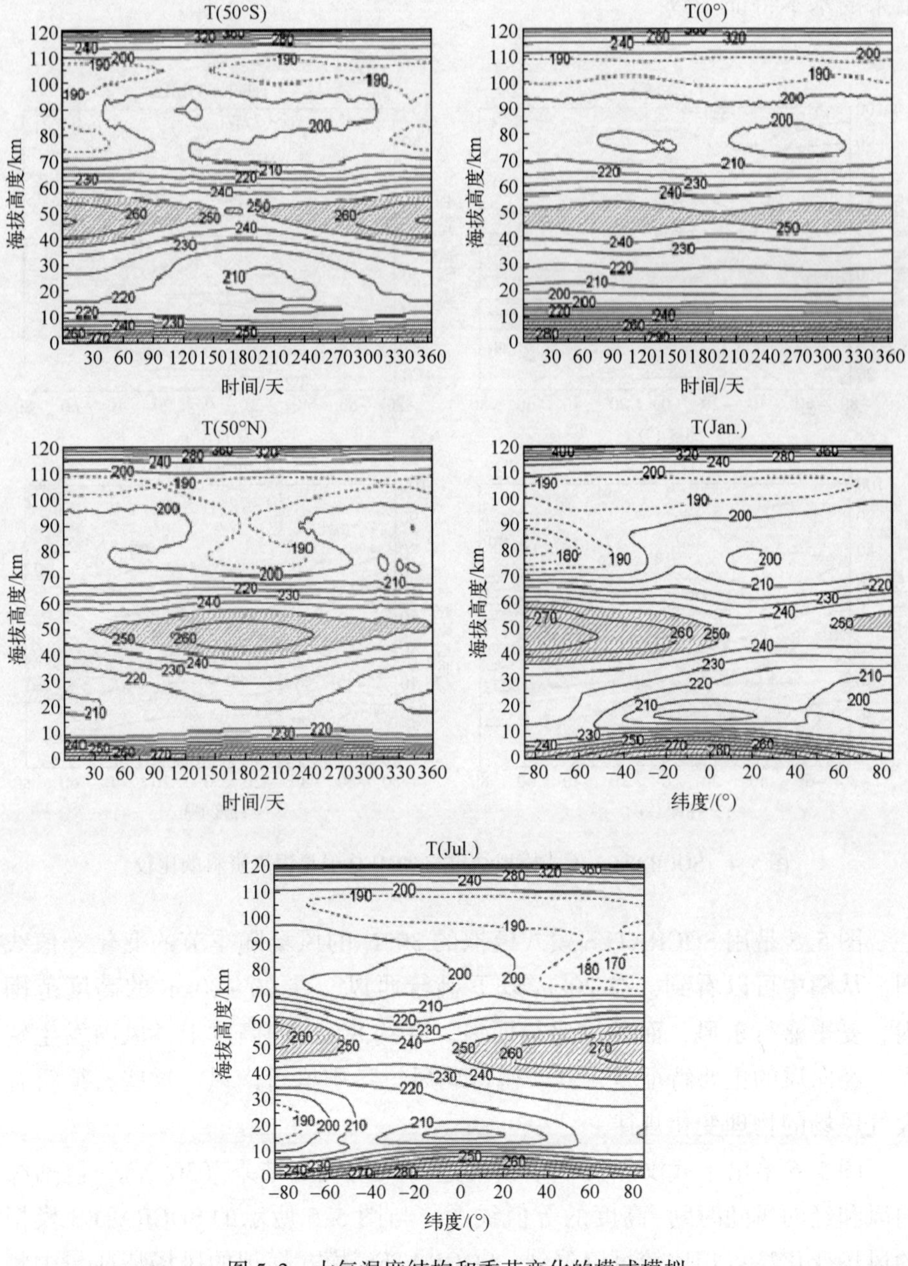

图 5.3　大气温度结构和季节变化的模式模拟

图 5.4 是 SOCRATES 模式模拟 2 月份、7 月份温度随纬度-高度的变化，并与 TIMED 卫星观测结果的比较。由图可见，模式模拟结果与观测结果的基本特征一致。

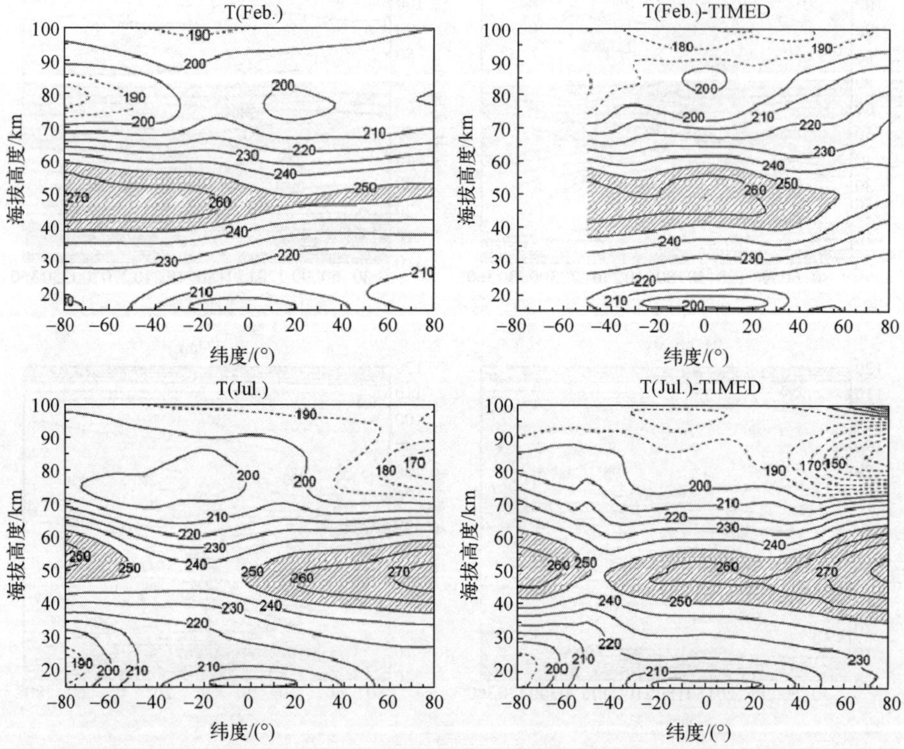

图 5.4　SOCRATES 模式模拟结果与 TIMED 卫星温度资料的比较

图 5.5 是用 SOCRATES 模式模拟的 30°N 的风场随季节的变化等值线图。从图中可以看到，在 20km 以下盛行西风，在 20～80km 的高度范围内，夏季盛行东风，而冬季盛行西风。在约 80km 的高度上，风向发生转变。经向风的主要特征是，夏季盛行北风，冬季盛行南风。这些特征符合大气风场的物理变化规律。

图 5.6 给出了武汉和日本中频雷达的风场观测结果（30°N），包括纬向风和经向风随时间-高度的等值线图。与图 5.5 所示的 SOCRATES 模拟的风场变化特点相比较可以看到，SOCRATES 模式模拟的风场特征与中频雷达观测的风场特征基本一致。

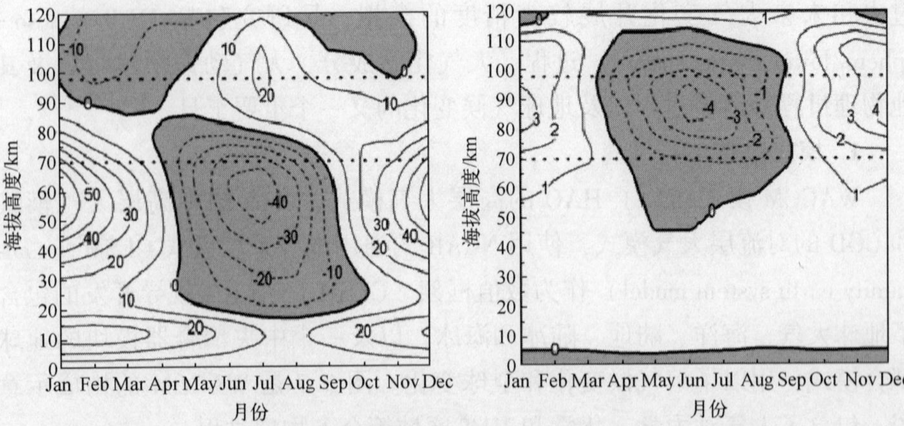

图 5.5　大气风场的模式模拟（30°N）（左：纬向风；右：经向风）

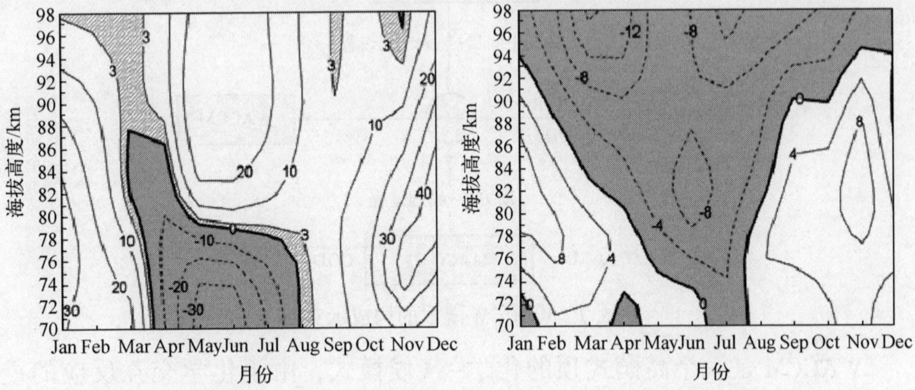

图 5.6　中频雷达的风场观测结果（30°N）（左：纬向风；右：经向风）

5.2.2　WACCM 模式

WACCM（whole atmosphere community climate model）模式是一种能够涵盖从近地面到低热层高度范围，并包括了大气动力学、化学和热力学的耦合过程的大气化学-气候数值模式。WACCM 模式由美国国家大气研究中心（national center for atmospheric research，NCAR）的 3 个部门，即气候和全球动力处（climate and global dynamics division，CGD）、大气化学处（atmospheric chemistry division，ACD）和高层观测部（high altitude observatory，HAO），在 NCAR 的 CAM（community atmospheric model）模式基础上合作发展的大气化学-气候模式，是 CAM 模式的超级扩展，能够用于对

过去和未来大气变化开展较高精度的模拟，是研究包括 MLT（meso-sphere/lower thermosphere）过程、大气化学成分、大气动力学过程以及其他物理过程等诸多过程以及地球气候变化的又一个重要工具。

1. 模式构成

WACCM 模式结合了 HAO 的高层大气模式、ACD 的中高层大气模式和 CGD 的对流层大气模式，使用 NCAR 的通用地球系统模式 CESM（community earth system model）作为数值框架。CESM 是 NCAR 领导开发的包含了地球大气、海洋、陆地、陆冰和海冰，以及一个中央耦合器模块的地球耦合模式，用以了解气候变化和全球变化。图 5.7 是 WACCM 的构成示意图，包含了大气动力学、化学和 MLT 区域等众多物理过程。

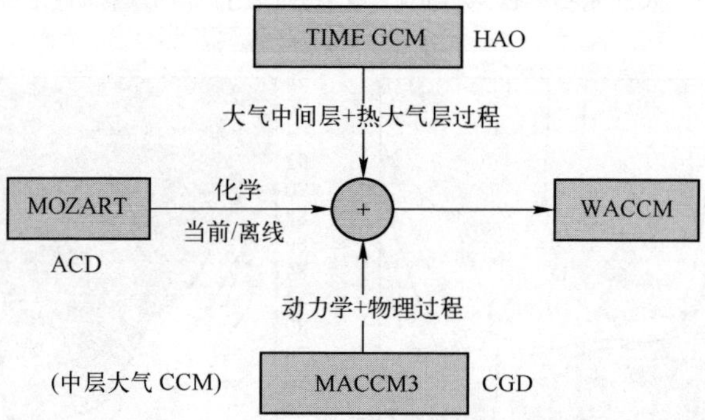

图 5.7 WACCM 模式的构成示意图

WACCM 是一个高模式顶的化学-气候模式，由于化学交互反应的重要性，模式的动力核心框架只使用有限体积法，这种方法明确地计算了一个给定空间的流入和流出的物质通量，从而保证物质守恒。WACCM 模式从地表一直到 4.5×10^{-6}hPa（大约 140km），共有 66 个垂直高度层；模式在 100hPa 高度以下和以上分别使用地形追随坐标系和等压坐标系；模式垂直分辨率在平流层顶附近（50km）为 1.75km，下平流层为 1.1~1.4km，上对流层为 1.1km，65km 以上约为 3.5km。目前，WACCM 模式有两种水平分辨率可供选择，分别为 1.9°×2.5°和 4°×5°（纬度×经度）。另外，运行模式也有两种选择，既可以选择模式包含交互化学反应，也可以选择只包含 4 种在 CAM3 模式中的标准温室气体（CH_4、N_2O、F11、F12）方案。在选择后者的情况下，中间层与热层下层区域（MLT）的太阳辐射和化学加热值取自以前的 WACCM3 或者 TIME-GCM 模拟结果（TIME-GCM 是高层观测部的热层-电离层-中间层电力学 GCM 模式）。

2. 主要物理的化学过程

2020年之前，WACCM模式的发展经历了4个主要的版本，分别为WACCM-1b、WACCM-2、WACCM-3及WACCM-4。其中，WACCM-1b采用CCM-3物理过程以及CAM-2的软件构架。WACCM-2采用CAM-3早期版本的物理过程，并对其中一些参数化方案的常数进行了调整；WACCM-2在1b版本的基础上又嵌入了平流层化学模块MOZART-3，从而考虑了中高层大气化学过程与动力、辐射过程之间的相互作用。WACCM-3建立在CAM-3正式版本的基础上，包含了CAM-3模式中所有的物理过程，并对其中重力波拖曳以及垂直扩散方案进行了部分改进。此外，WACCM-3还考虑了高层大气中的分子扩散过程、长短波加热过程、极光过程、离子拖曳、焦耳加热以及光化学等过程。

WACCM-3模式中的化学过程是通过三维全球大气化学输送模式MOZART-3来实现的，其中包含了50余种主要的化学成分（如O_x、HO_x、NO_x、BrO_x和ClO_x等不同族的成分，以及对流层排放的N_2O、H_2O、CH_4、CFC和其他卤化物）和中间层与热层下层（MLT）区域中的主要离子成分（N_2^+、NO^+、N^+、O_2^+、O^+以及电子）的化学反应过程。同时，MOZART-3还考虑了极地平流层云以及硫酸盐气溶胶表面的异相化学反应过程，其中对极地平流层中含卤化合物的活化程度的计算主要依赖于温度以及过冷却的三水化合物（supereooled ternary solutions，STS）的表面积密度，其中STS的计算又通过ACPM（aerosol physieal chemistry model）得到。模式中的化学反应速率常数均来自JPL Publication 02-25（Sander等，2003），如表5.1所列的模式包含11个与CO有关的反应（其中7个气相反应和4个光解反应）及其对应的化学反应率。MOZART-3中的CO_2、N_2O、CH_4、氟氯烃（CFCs）等成分的下边界条件利用观测值确定，模式还给出了NO_x和CO的地表排放和飞机排放源。另外，模式根据对流云的位置考虑了闪电产生的NO_x。

表5.1 WACCM3模式中与CO有关的化学反应及其对应的化学反应率（Sander等，2003）

	反应	反应率
1	$Cl+CH_2O \rightarrow HCl+HO_2+CO$	$8.10\times10^{-11}\exp(-30/T)$
2	$Br+CH_2O \rightarrow HBr+HO_2+CO$	$1.70\times10^{-11}\exp(-800/T)$
3	$CH_3Cl+Cl \rightarrow HO_2+CO+2HCl$	$3.20\times10^{-11}\exp(-1250/T)$
4	$CH_2O+NO_3 \rightarrow CO+HO_2+HNO_3$	$6.0\times10^{-13}\exp(-2058/T)$

续表

	反应	反应率
5	$CH_2O+OH \rightarrow CO+H_2O+H$	9×10^{-12}
6	$CH_2O+O \rightarrow OH+HO_2+CO$	$3.40\times10^{-11}\exp(-1600.0/T)$
7	$CO+OH \rightarrow H+CO_2$	$1.5\times10^{-13}\times(1+0.6Patm)$
8	$CH_2O+h\nu \rightarrow CO+2H$	光解
9	$CH_2O+h\nu \rightarrow CO+H_2$	光解
10	$CO_2+h\nu \rightarrow CO+O$	光解
11	$CH_4+h\nu \rightarrow H_2+0.18CH_2O+0.18O +0.44CO_2+0.44H_2 +0.38CO+0.05H_2O$	光解

WACCM-4 是 WACCM-3 的更新版本，该模式采用 CAM-4 模式中的物理参数化方案，化学模块中的化学反应率常数由 JPL-2006 提供。

3. 模拟应用

兰州大学大气科学学院张杰利用全球气候化学模式 WACCM-3 输出资料研究 QBO 对平流层风场、温度场和水汽场的影响。下面介绍其主要研究方法和模式模拟 QBO 作用的总体平均情况分析结果。

1）试验方案设计

WACCM3 模式采用的是 4°× 5°分辨率。开展了两个敏感性试验（E1 和 E2），模拟试验的海温和温室气体条件都相同，海温和海冰资料使用的是由英国哈得来环流中心（http://hadobs.metoffice.com/）提供的 1995—2000 年观测值的月平均资料，而温室气体使用的是 IPCCA1B（WMO，2003）资料的 1995—2000 年的月平均值。由于模式的水平分辨率太粗，模式不能产生赤道准两年（QBO）振荡纬向风，所以试验 E1 没有 QBO 现象。为了研究 QBO 对大气中环流、温度及水汽的影响，试验 E2 中，利用观测得到的赤道风场驱动出 QBO，用来研究有无 QBO 对大气的影响。

2）模拟试验结果

下面主要介绍 WACCM-3 模式模拟 QBO 作用的总体平均情况。图 5.8 分别给出的是模式模拟结果和欧洲中心再分析资料的结果，如图 5.8（c）所示，从 1983 年到 1997 年出现了 13 次东西风的转换，强东风和强西风的交替大多从 10hPa 处开始逐渐向下传递到 100hPa 高度处，且这种东西风

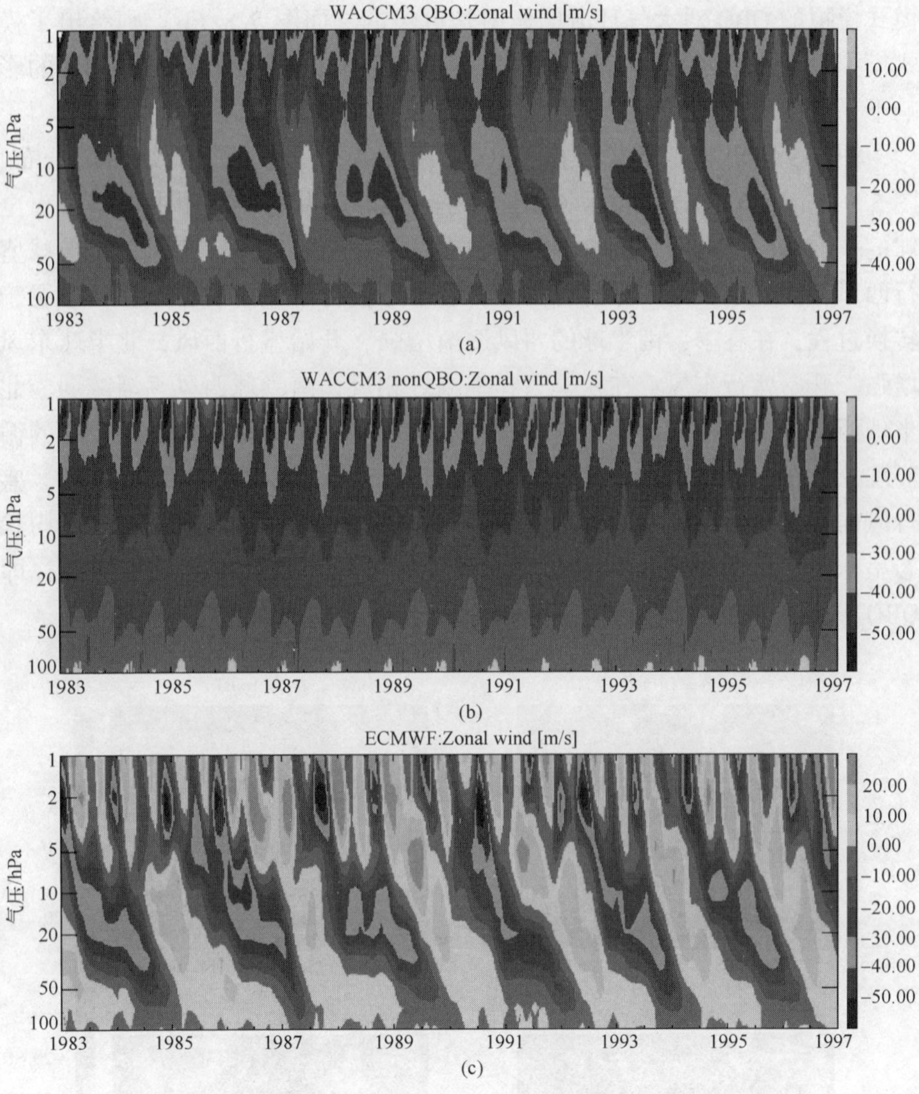

图 5.8　模式模拟结果和欧洲中心再分析资料结果（见彩插）

（a）模拟 QBO 风场；（b）模拟没有 QBO 作用下平流层风场；（c）欧洲中心月平均风场。

的交替很稳定，循环的周期长达 26 个月左右，所叠加的短周期变化较小；各经度上的东西风交替几乎是同一位相的。东西风风速最大值都出现在 20hPa 附近，且东风风速大于西风风速。再对比图 5.8（a），可以看出模式模拟的结果基本也存在 13 次东西风的转换，且东西风位相交替的时间与实际观测的时间大体一致，风速最大值也出现在 20hPa 附近。说明通过模式模拟的 QBO 对大气环流的作用是可信的。而图 5.8（b）则给出了模式模拟没有 QBO 的影响下大气风场的平均情况，显然如果没有 QBO 的影响下平流层呈现东风环流，且从高层到低层风速逐渐减小。

图 5.9 给出的是模式模拟 QBO 作用下 4 个季节的平均纬向风分布，图 5.9（a）~（d）分别表示冬季、春季、夏季、秋季，从图中可以看出全球的平均纬向风有明显的季节变化，在冬季，南半球盛行东风，北半球盛行西风；在夏季，南半球盛行西风，北半球盛行东风。而春季和秋季属于转换过程，在春季，南半球的西风逐渐增强，开始盛行西风，北半球东风增强，开始盛行东风；在秋季与春季刚好相反，南半球西风逐渐减弱，北半球西风逐渐增强。南、北半球风速变换呈现一种南北“跷跷板”式的循环现象。在赤道地区常年盛行东风，这是因为虽然赤道地区存在 QBO，盛行风向存在东西风转换的现象，但是东风风速大于西风风速，所以平均状态呈东风。从图中还可以看出，赤道地区的风速从高空到低层递减，即 QBO 现象是从高空向低层传递。

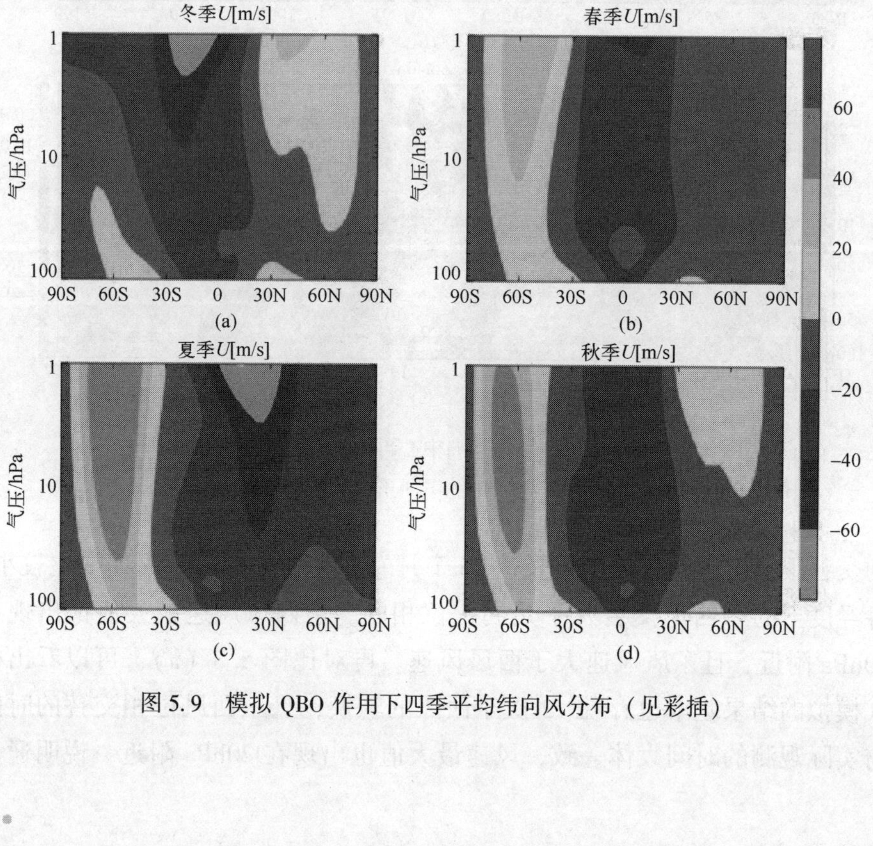

图 5.9 模拟 QBO 作用下四季平均纬向风分布（见彩插）

图 5.10 是模式模拟 QBO 作用下四季平均温度纬向分布，图 5.10（a）~（d）分别表示冬季、春季、夏季、秋季，从图中可以看出全球的平均温度也有明显的四季变化，而在夏季可以看出平流层的中高层由北向南递减，在冬季则由南向北递减。南半球从秋季到春季，南极平流层低层为南半球低温中心，即南极低涡，且南极极涡作用比较强，持续时间很长，可持续 3 个季节。北极在秋、冬季节也会出现低涡，但北极极涡强度较南极小，持续时间也没有南极极涡长。此外，在赤道地区平流层低层常年存在低温中心。气温从平流层低层向高层呈现递增趋势，而且平流层低层温度梯度较小，高层梯度较大。这是由于平流层上半部由于臭氧层把吸收的紫外辐射能量转化为分子动能，使空气温度随着高度上升而显著增加。从图 5.10 中还可以看出，到达 1hPa 的地方温度最高值已经可以达到 280K。另外，对于平流层高层，即 1hPa 附近的区域，南极地区与北极地区交替出现温度最高值。秋冬季节，南极平流层高层出现最大值，春、夏季节，北极平流层高层出现最大值，且南极温度最高值大于北半球温度最高值。

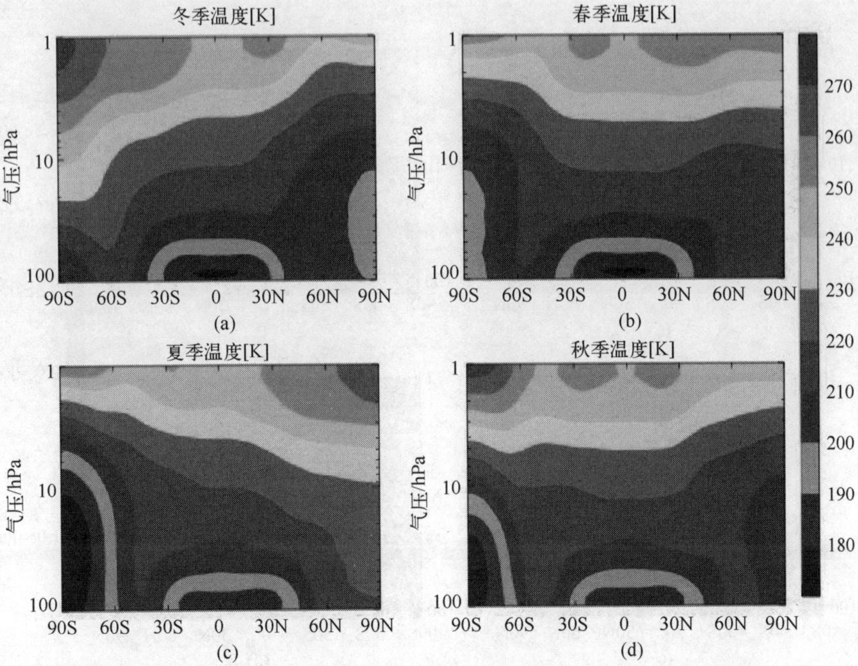

图 5.10　模式模拟 QBO 作用下四季温度平均纬向分布（见彩插）

H_2O 在平流层寿命比较长，所以常作为平流层大气物质输送研究中的动力示踪物之一（刘毅等，2009）。

图 5.11 是模式模拟 QBO 作用下四季水汽浓度的平均纬向分布，5.11（a）~（d）分别表示冬季、春季、夏季、秋季，从图中可以发现在热带平流层低层，平流层水汽最大的变化特征是季节变化，但低平流层水汽和中高层平流层水汽变化的原因并不完全相同。在热带对流层顶或紧邻它的上面是一个最小值，称为湿层顶（hygropause）（Kley 等，1979），这主要是由对流层向上输送的 H_2O 在穿越温度极低的对流层顶时发生冻干所造成的。夏季水汽浓度达到最大，冬季水汽浓度达到最小，这是由于在夏季对流层的对流作用强，平流层低层的温度较冬季较高，此时平流层底层的冻干作用减弱，所以夏季水汽浓度较高。而在平流层中高层 H_2O 主要来源于 CH_4 的氧化，而 CH_4 的氧化速率和温度具有密切的关系。因此，整个平流层中的 H_2O 浓度随高度递增。在南极地区，20hPa 以下平流层里，冬、春季节由于极涡的脱水使南极极区水汽含量很低，这种强烈的脱水现象一直从夏季持续到入冬时节，这时极涡崩溃水汽凝结减少。纬度低平流

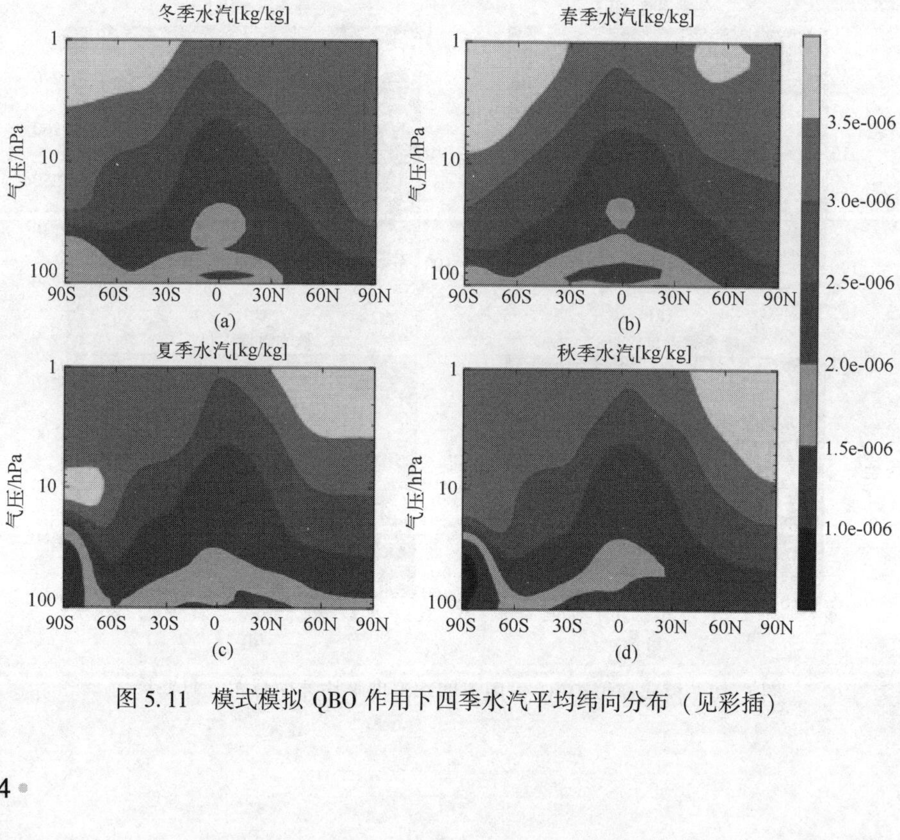

图 5.11 模式模拟 QBO 作用下四季水汽平均纬向分布（见彩插）

层水汽的季节变化也很明显，H_2O 浓度随对流层顶温度的季节变化而显示出一定的季节变化。综合看热带地区外的平流层里水汽也有明显的季节变化，夏季大于冬季，且南北半球不对称，北半球夏季和秋季相对较湿。影响这一区域水汽收支的条件主要有三大过程：一是来自平流层非常干的空气向下传输；二是来自低纬度湿空气的等熵混合；三是来自中纬度对流层的直接向上传输（毕云，2009）。而在 10hPa 高度以上区域，在冬季只在南极区域出现最大值，春季南极水汽最大值区域仍然存在，同时在北极也出现小块区域的最大值，秋季北极水汽最大值区域扩大，而南极水汽最大值区域减小，冬季只在北极出现最大值。说明在这块区域的水汽最大值呈现连续的南北“跷跷板”式的循环现象。

5.3　统计预报方法

气象统计预报在我国的天气业务预报和科研工作中占有重要的地位，同样适用于中高层大气环境要素预报。统计分析法运用概率统计理论和回归分析、判别分析、聚类分析、时间序列分析、谱分析等方法，从大量的历史气象资料中寻找大气现象间的统计规律或相互关系，如平均的气候状况，前期的气象要素或物理量与未来天气的关系等，统计预报就是基于统计分析法，找出预报因子与预报对象之间的统计相关规律，并运用这些规律来制作气象要素预报。本节主要介绍几种常用的统计预报方法及应用。

5.3.1　人工神经网络方法应用

人工神经网络（artificial neural network，ANN）是一个物理上的细胞系统，不但具有较好的模式识别能力，而且可以克服数理统计等方法的局限性，更重要的是它具有学习能力，可随时进行自适应性的学习、训练，调整其内部的存储权重参数以任意精度逼近一个非线性函数。ANN 数学模型很多，其代表性的有感知机模型（perception，PTR）、反向传播模型（back-propagation，BP）、自适应共振理论模型（adaptive resonance theory，ART）、双向联想存储器（bidirectional associative memory，BAM）、Boltzmann 机/Cauchy 机（Boltzmann machine/Cauchy machine，BCM）、Hopfield 网络模型等。近年来，随着计算机技术的迅速发展，ANN 技术已在信号处理、图像、语音识别和记忆、预测及优化等众多学科领域的应用研究中显示了很好的应用前景和良好性能，为人们研究和处理大量的各类科学问题提供了新的有效手段。

1. BP 神经网络方法

BP 算法是目前应用最广泛的神经网络模型之一。BP 算法的主要设计思想是，将输入信号通过隐层和输出层节点的处理计算得到的网络实际输出进一步与期望输出相比较，并计算实际输出与期望输出的误差，将误差作为修改权值的依据反向传播至输入层，再修正各层的权系数，并且反复这一过程，直到实际输出与期望输出的误差达到预先设定的误差收敛标准，从而获得最终的网络权值。

BP 网络的学习训练过程由两部分组成，即正向传播和反向传播，按有导师学习方式进行训练。当正向传播时，输入信息提供给网络后，神经元的激活函数从输入层经各中间层传播，在输出层的各神经元输出对应输入模型的网络响应；如果输出层得不到希望输出，则转入反向传播。按减小希望输出与实际输出误差的原则，从输出层经各中间层，最后回到输入层逐层修正各连接权值。随着这种误差逆传播训练不断进行，网络对输入模式响应的正确率也不断提高，如此循环直到误差信号达到允许的范围内或训练次数达到预先设计的次数为止。

BP 网络结构简单、状态稳定、计算条件易于满足，可用于非线性函数逼近和一些不规则的数据结构的复杂系统仿真。从结构上讲，BP 网络是典型的多层网络，分为输入层、隐层和输出层，层与层之间采用全连接方式，其中隐层可有多层，图 5.12 是一个输入层为 N 个节点、隐层为 M 个节点、输出层为 L 个节点的 3 层 BP 网络结构示意图。

1） 数学模型

BP 把一组样本的输入输出问题作为非线性优化问题来处理，使用优化中最普通的梯度下降法，用迭代运算求解权重值，并通过引入隐节点的方法增加优化问题的可调参数，从而使得到更精确的解成为可能。

下面以图 5.13 所示的简单网络为例说明之。

网络训练的响应函数（每个神经元上的作用函数）采用有一定阈值特性的连续可微的 Sigmoid 函数（简称 S 型函数）。S 型函数的一个重要特性是其导数可用函数本身来表示，有

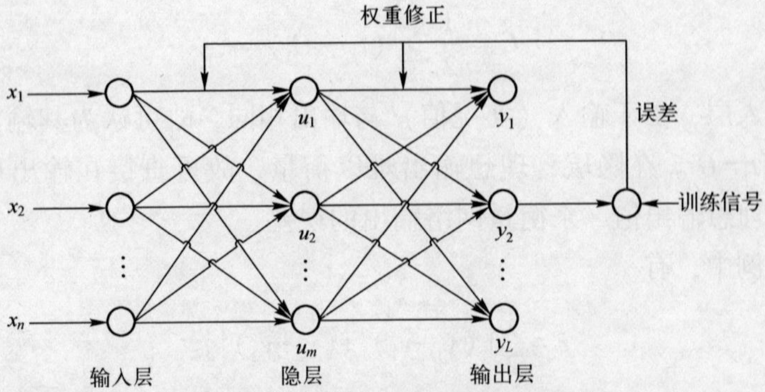

图 5.12　3 层 BP 网络拓扑结构示意图

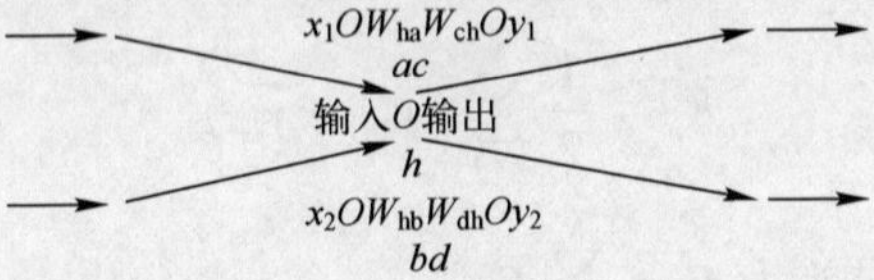

图 5.13　一个简单的 BP 网络

$$f(x)=\frac{1}{1+e^{-x}} \tag{5.50}$$

$$f'(x)=f(x)\left[1-f(x)\right] \tag{5.51}$$

记 W_{ji} 为从神经元 U_i 到神经元 U_j 的连接权值，O_i 为神经元 U_j 的当前输入，O_j 为其输出。

在输入层，各神经元的输出与输入相同，即 $O_j=O_i$。而在中间隐层和输出层，神经元的操作特性为

$$\mathrm{net}_i=\sum_i W_{ji}O_i \tag{5.52}$$

$$O_j=f(\mathrm{net}_j) \tag{5.53}$$

如按图 5.13 所示网络，有

$$\mathrm{net_h}=W_{\mathrm{ha}}x_1+W_{\mathrm{hb}}x_2 O_{\mathrm{h}}=f(\mathrm{net_h})$$

$$\mathrm{net_c}=\mathrm{net}_{y1}=W_{\mathrm{ch}}O_{\mathrm{h}}O_{\mathrm{c}}=O_{y1}=\hat{y}_1=f(\mathrm{net_c})$$

$$\mathrm{net_d}=\mathrm{net}_{y2}=W_{\mathrm{dh}}O_{\mathrm{h}}O_{\mathrm{d}}=O_{y2}=\hat{y}_2=f(\mathrm{net_d})$$

若记 t_j 为神经元 j 的理想输出，则网络在一次训练中的总输出误差为

$$E=\frac{1}{2}\sum_{j}(t_j-O_j)^2 \tag{5.54}$$

在输入层，由于输入（实况值）与输出相同，故可认为其输出为理想输出，即 $t_j=O_j$。在隐层，理想输出难以衡量，故可直接在输出层以实况值 y 作为理想输出值，来衡量网络输出的误差。

在本例中，有

$$E=\frac{1}{2}[(y_1-\hat{y}_1)^2+(y_2-\hat{y}_2)^2] \tag{5.55}$$

对网络进行训练时，若提供的训练样本为 N 个，并有 L 个输出 $\hat{y}_p(p=1,2,\cdots,L)$，则第 p 个输出的误差为

$$E_p=\frac{1}{2}\sum_{k=1}^{N}(y_{kp}-\hat{y}_{kp})^2 \tag{5.56}$$

网络输出的总误差为 $E=\sum_{p=1}^{N}E_p$。

当网络的所有实际输出与其理想输出（实况值）一致时，训练结束。否则，通过修正权值，使网络的实际输出与理想输出逐步一致，即使 $E\to0$。权值的调整按梯度下法降进行，有

$$\Delta W_{ji}=-\eta\frac{\partial E}{\partial W_{ji}} \tag{5.57}$$

这里假定了 ΔW_{ji} 与 $\frac{\partial E}{\partial W_{ji}}$ 成正比，而

$$\frac{\partial E}{\partial W_{ji}}=\frac{\partial E}{\partial \mathrm{net}_j}\frac{\partial \mathrm{net}_j}{\partial W_{ji}}$$

由式（5.52）有

$$\frac{\partial \mathrm{net}_j}{\partial W_{ji}}=\frac{\partial}{\partial W_{ji}}\sum_{i}W_{ji}O_i=O_i$$

定义

$$\delta_j=-\frac{\partial E}{\partial \mathrm{net}_j}$$

故有

$$\Delta W_{ji}=\eta\delta_jO_i \tag{5.58}$$

为了计算 δ_j，并把输出层表现的误差反向传播到输入层，由式（5.56），

有

$$\delta_j = -\frac{\partial E}{\partial \mathrm{net}_j} = -\frac{\partial E}{\partial O_j}\frac{\partial O_j}{\partial \mathrm{net}_j}$$

$$= -\frac{\partial E}{\partial O_j} f'(\mathrm{net}_j)$$

当 j 为输出节点时，由式（5.54）可得

$$\frac{\partial E}{\partial O_j} = -(t_j - O_j)$$

故有

$$\delta_j = -(t_j - O_j) f'(\mathrm{net}_j)$$

$$= (y_j - \hat{y}_j) f'(\mathrm{net}_j) \tag{5.59}$$

当 j 为非输出节点时，可求得

$$\delta_j = f'(\mathrm{net}_j) \sum_m \delta_m W_{jm} \tag{5.60}$$

即将所有与隐含神经元 u_j 相连的输出神经元 u_m 输出端的误差 δ_m，乘上对应的权值 W_{jm} 并求和，作为 u_j 的输出误差，所以这个过程也称为误差的反向传播。

式（5.58）中的 η 表示学习速率。η 较大时，权值的修正量就较大，学习速率就比较快，但有时可能产生振荡，即误差 δ_j 总不能小于某个特定的小值。而当 η 取得较小时，学习的速率虽慢，但一般比较平稳。因此，在实际应用时，可在学习开始阶段取较大的 η 值，然后逐渐减少 η 值，使之既能平稳完成学习过程，又具有较快的学习速率。

2）算法流程

由上述 BP 工作原理和算法模型可知，BP 的计算过程分为两个阶段：第一个阶段为学习训练阶段，根据提供的样本资料，通过调整各层之间的权值，使之达到预定的拟合精度要求；第二阶段是应用阶段，通过输入层的输入，依据学习训练阶段得到的权值，给出的输出量即为预报值。可见，学习训练阶段是关键。其具体步骤如下。

（1）资料的准备。

① 选取预报对象。根据预报工作需要，按一般统计预报处理预报对象的方法进行。

② 选取预报因子（系统的输入）。与一般统计预报选择预报因子的基

本思想相同，要求作为系统输入的预报因子应与预报对象有较好的相关性，并具有明确的物理意义。因子数的多少直接关系到学习的速率，而与效果无直接影响，关键是因子的质量。

③ 选取训练样本。一般要求参加学习训练的样本不少于 100 个。选取的样本要注意代表性，要尽可能采用近期的各种不同形式的样本，以减少气候变迁带来的可能影响。

（2）学习训练。

① 构造神经网络结构。隐层数的确定，一般认为增加隐层数可以降低网络误差，提高精度，但也使网络复杂化，从而增加了网络的训练时间和出现“过拟合”的倾向。用于天气预报的神经网络多为 3 层，即除输入层和输出层外，常只取一个隐层。对隐层节点数的选择非常重要，它不仅对建立的神经网络模型的性能影响很大，而且是训练时出现“过拟合”现象的直接原因，但是目前理论上还没有一种科学和普遍适用的确定方法选取隐层节点数。在 BP 网络中，隐层节点数 n（隐单元个数）的选取，一般可通过以下经验公式来确定，即

$$n=\log_2 M \tag{5.61}$$

式中：M 为输入节点数（预报因子数）。

② 设置网络的初始权值 W_{ij}。BP 算法决定了误差函数一般存在（很）多个局部极小点，不同的网络初始权值直接决定了 BP 算法收敛于哪个局部极小点或是全局极小点。由于 Sigmoid 转换函数的特性，一般要求初始权值分布在-0.5~0.5 之间比较有效。

③ 确定学习精度（如历史概括率大于 90%），以决定学习训练结束的时机。

④ 逐个对输入的 N 个样本（每个样本均有 M 个输入：$x_1,x_2,\cdots,x_m$），计 L 个输出（预报对象$\hat{y}_1,\hat{y}_2,\cdots,\hat{y}_L$）：

$$O_j=\frac{1}{\left[1+\exp\left(-\sum_{k=1}^{m}x_kW_{jk}\right)\right]}$$

$$\hat{y}_i=\frac{1}{\left[1+\exp\left(-\sum_{j=1}^{n}O_jW_{ji}\right)\right]}$$

式中：O_j为第 j 个隐层节点的输出。

⑤ 从输出层到输入层的后一层（隐层），计算误差，反向传输修正权值。

在输出层，有

$$\delta_j = (y_j - \hat{y}) f'(\mathrm{net}_j)$$

在隐层，有

$$\delta_j = f'(\mathrm{net}_j) \sum_{m=1}^{L} \delta_m W_{jm}$$

为了加速学习过程，当前 t 的权值修正值，可在式（5.58）的基础上修改为

$$\Delta W_{ji}(t) = \eta \delta_j O_i + \alpha \Delta W_{ji}(t-1)$$

式中：$\Delta W_{ij}(t-1)$ 为上一学习周期的权值修正值；α 为相应的学习速率。一般应取 $\eta<\alpha$。由此得到新的权值为 $W_{ji}(t) = W_{ji}(t-1) + \Delta W_{ji}(t)$

⑥ 当输出与期望不一致($\hat{y}_i \neq y_i$)时，重复④和⑤的学习过程，直至达到精度要求或产生振荡（不能收敛）。

学习结束后，权值保持不变。应用过程仅相当于上述学习过程的第④步，每输入一组“实时”资料，输出层的输出值即为预报值。

2. 应用示例

肖存英利用 TIMED/SABER 的温度观测数据，基于 BP 人工神经网络的方法建立中高层大气模式，将模拟试验结果与原始观测资料及目前最为流行的中性大气经验模式 NRLMSISE-00 作比较分析，取得了较好的应用。

1）数据来源和数据处理

为了尝试利用人工神经网络建立中高层大气模式，使用 TIMED 卫星上 SABER 在 2007013—2007075 时段内温度观测数据作为应用例子训练网络，在该时间段内可以获得总数为 79661 个的数据剖面，其纬度覆盖 52°S~83°N，经度覆盖 0°E~360°E。这些数据在纬度方向分布不均匀，为了保证神经网络模型的质量并减少样本数，这些温度剖面将被均匀插值到纬度（50°S~80°N，间隔为 5°）、经度（0°E~360°E，间隔为 5°）和高度（20~70km，间隔为 1km）格点上，这些格点化后的温度数据将用于训练神经网络。为简化神经网络模型，只考虑了 20~70km 高度范围内的温度变化；在此高度范围内，最新版本 V1.07 的 SABER 温度测量具有相当高的准确性（其误差为 1~3K），也就是说，用于训练神经网络的温度数据具有相当高的质量。

2）人工神经网络模型的构建与测试

（1）准备输入和输出样本。

首先选择输入和输出的神经元。为了建立 2007 年 2 月份 20~70km 高度范围内的月平均中高层大气模式，选择纬度 lat、经度 lon、高度 alt 共 3 个参量作为输入神经元。这 3 个参量彼此之间相互独立。仅一个参量，温度 T 作为输出神经元。在神经网络中，首先假设输出可以通过某个函数 f 的形式由输入参量计算，即，$T=f(\mathrm{lat},\mathrm{lon},\mathrm{alt})$。这里的目标就是利用神经网络的训练和学习功能寻找和表征这个可以用于映射输出与输入之间关系的函数。

神经网络的样本主要是基于格点化后的数据。这里总共建立了 100521 个样本，这些样本被分成 3 个组，训练集有 50949 个样本，验证集有 24786 个样本，测试集也有 24786 个样本。为了加快神经网络训练时的收敛速度，在训练之前，根据每个参量的最大值与最小值，通过下面的公式把样本都归一化到[-1,1]。

$$X'=\frac{2X-X_{\min}-X_{\max}}{X_{\min}+X_{\max}} \tag{5.62}$$

（2）神经网络的构建。

采用的神经网络是个 3 层的 BPNN（back propagation neural network，反向传播神经网络），包括输入层、一个隐层和输出层。输入层由 3 个神经元构成，输入层包含 1 个神经元。根据 Kolmogorov 连续函数定理，如果隐层的数目合适，一个 3 层的神经网络可以以任意精度逼近一个连续函数。然而，目前还没法准确确定隐层的数目，通常的做法是根据经验和试验，由输入与输出之间的复杂程度、样本数及精度要求等决定。这里，根据一些尝试，选用 150 个隐含神经元来构建神经网络，即其 BPNN 结构是 3-150-1。

隐层将采用双曲正切 Sigmoid 函数作为传递函数，输出层采用线性传递函数。神经网络的训练性能函数采用均方误差函数 mse，即

$$F=\mathrm{mse}=\frac{1}{N}\sum_{i=1}^{N}(e_i)^2=\frac{1}{N}\sum_{i=1}^{N}(t_i-a_i)^2 \tag{5.63}$$

式中：e_i为第 i^{th}个目标输出 t_i与第 i^{th}个网络输出 a_i 的差值；N 为样本数据。训练 BPNN 的目标就是通过修改网络的权重和阈值使均方误差 mse 达到最小。采用 Moller（1993）提出的量化共轭梯度法作为神经网络的训练函

数，用于计算表现函数（均方误差函数 mse）的梯度并修正网络的权重和阈值。量化共轭梯度法融合了可信区间法和共轭梯度法，避免了耗时的一维搜索。

（3）训练和测试。

为了提高所建网络模型的推广能力，在神经网络的训练过程中，在前面划分的 3 个样本集合的基础上选用“提前停止”的技术。训练集用于对神经网络进行训练，验证集用于在神经网络训练的同时监控网络的训练进程。在训练初始阶段，验证集形成的验证误差通常会随着网络训练误差的减小而减小，但当网络开始进入“过度训练”时，验证误差就会逐渐增大，当验证误差增大到一定程度时，网络训练会提前停止，这时训练函数会返回当验证误差取最小值时的网络对象。本次网络训练过程中，设置最大失败参数为 5，即当验证误差一直增大的次数达到 5 次时停止网络的训练。测试集形成的测试误差在网络训练时未被使用，但它可以用来评价网络训练结果和样本集划分的合理性。若测试误差与验证误差分别达到最小值时的训练步数差别很大，或两者曲线的变化趋势差别较大，则说明样本集的划分不是很合理，需要重新划分。

当 BNPP 网络模式构造好，关键的技术及参数被设定之后，就把训练集、验证集及测试集数据放入网络中开始训练。在训练初始阶段，训练集及验证集的误差都在不断减小。在 4164 步之后，训练停止，这就是说，验证集在第 4158 步之后其误差增大超过了 5 步。在第 4158 步，验证集的误差达到了最小值，网络返回该步的权重和阈值。在训练过程中，测试集的误差变化与验证集的误差变化相似，在第 4160 步时达到误差的最小值，比验证集误差晚 2 步，表明样本集的划分是合理的。当验证集误差在第 4158 步达到最小值 0.395726×1.0^{-3} 时，训练集的误差是 0.405301×1.0^{-3}，测试集的误差是 0.399234×1.0^{-3}。这些小误差表明，BPNN 已经被训练好了。

图 5.14 给出了一些观测温度与 BPNN 模拟温度相比较的例子，用于说明这个神经网络的学习能力。从图上可以看到，BPNN 模拟的剖面（黑线）与观测的温度剖面（红线）吻合得很好，抓住了大气温度的变化特性。以第一个图为例，模拟剖面与观测剖面的标准偏差为 0.35，相关系数达到了 0.998。

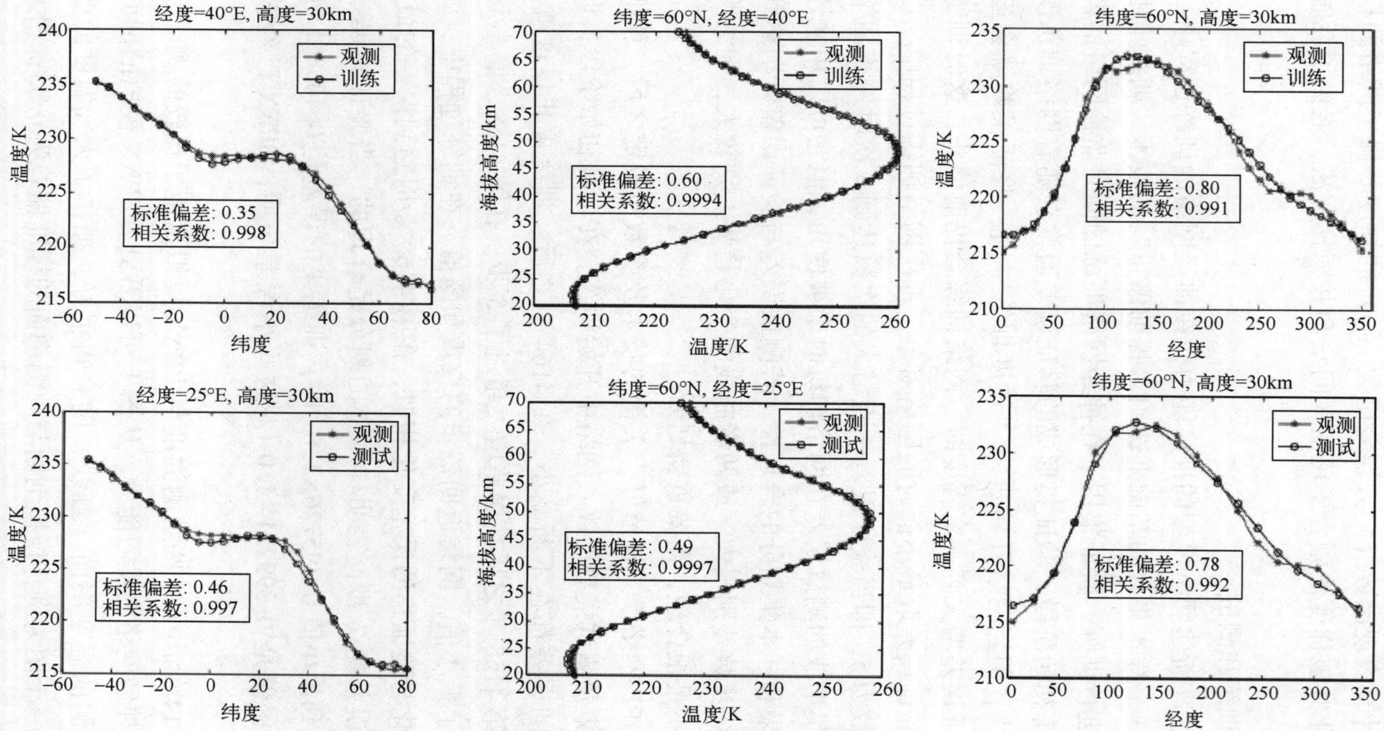

图 5.14　观测温度与 BPNN 模拟温度相比较的一些例子（黑线为模拟，红线为观测）（见彩插）

3）模拟试验分析

利用训练好的神经网络开展了更多的模式试验，并把试验结果与 SABER 的温度观测数据及 NRLMSISE-00 模式结果进行了比较，进一步验证人工神经网络在 20~70km 中高层大气建模中的性能。图 5.15（a）~（c）分别给出的是 SABER 观测、神经网络模拟及 NRLMSISE-00 模式的纬圈平均温度结构。由图可见，其结构大体相似，都展示了纬圈平均温度结构的主要特性，纬圈平均温度先随着温度的增加而增大，在 45~50km 达到最大值，而后随着高度的增加而减小。3 幅图中的温度随纬度的变化特性也相似。用神经网络模拟的纬圈平均温度与 SABER 的观测结果非常一致，由此表明，神经网络可以很好地用于中高层大气纬圈平均温度的建模中。此外，神经网络模拟与 NRLMSISE-00 模式的纬圈平均温度的定量比较发现，它们之间存在一定的差别，如图 5.15（d）所示。在约 35km 以上，神经网络模拟的纬圈平均温度比 NRLMSISE-00 模式的纬圈平均温度低 2~10K，在约 35km 以下，要高 1~4K。在平流层顶附近差别最大，达 6~10K。根据 Remsberg et al（2008）对 SABER 温度剖面的质量评估，与 Envisat 卫星上的 MIPAS 温度测量、英国气象局的分析资料、地基 Rayleigh 雷达相比，SABER 温度资料在低平流层偏高 13K，在平流层顶附近偏低约 1K，在中间层的中部偏低约 2K，因此，在平流层下部，神经网络模拟的纬圈平均温度比 NRLMSISE-00 模式结果高出的 1~4K 可能来源于 SABER 的温度观测误差，而在平流层顶附近的 4~10K 的差异则可能主要是由 NRLMSISE-00 经验模式造成的。由此表明，NRLMSISE-00 经验模式能够很好地描述当前平流层的大气纬圈平均温度特性，但在平流层顶及以上则需要改进。

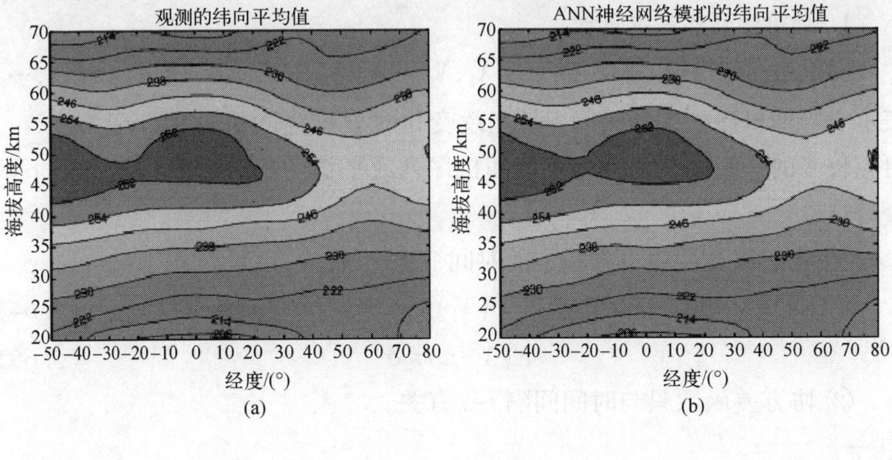

(a) (b)

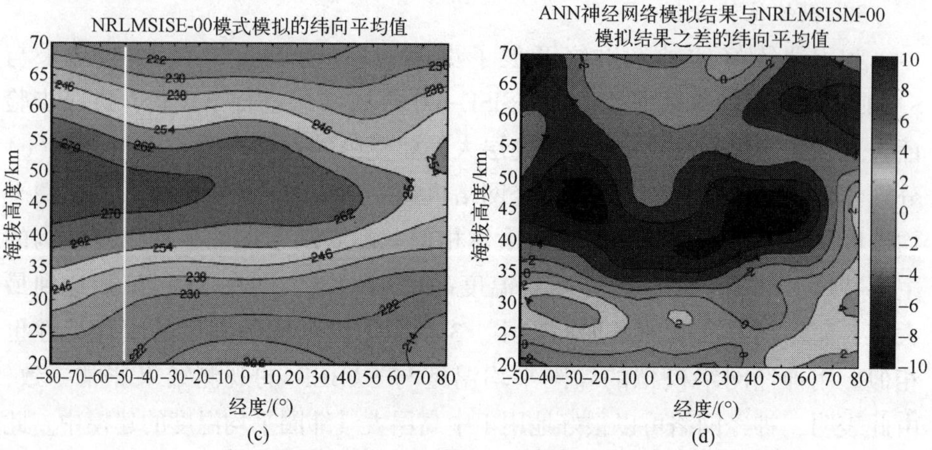

图 5.15 模拟试验分析（见彩插）

（a）SABER 观测，（b）神经网络模拟，（c）NRLMSISE-00 模式的纬圈平均温度结构；（d）神经网络模拟结果与 NRLMSISE-00 模式结果之差。

（图（c）中的白线用于提醒读者图形之间的比较范围为 50°S~80°N，单位为 K）

5.3.2 时间序列分析法

气象要素是随时间变化的，对它的观测形成一组有序的数据，称这种数据为时间序列。时间序列分析方法的基本思想是认为气象要素在随时间变化过程中任一时刻的变化和前期要素变化有关，利用这种关系建立适当的模型来描述它们变化的规律性，然后利用所建立的模型作出要素未来时刻的预报值的估计。这是一种统计学的方法，在研究方法上常把时间序列看成随时间变化的随机序列。

1. 随机序列的基本概念

随机序列就是指一串随机变量 $X_1, X_2, \cdots$ 所构成的序列，用 $X_t(t=1,2,\cdots)$ 表示。当随机序列中的时间 t 是连续变化时就称为随机过程，记为 $X(t)$。研究较多的一类随机序列是平稳随机序列或平稳随机过程。它具有以下两个特点。

① 它的数学期望、方差不随时间变化，即

$$E(X_t)=\mu \tag{5.64}$$

$$E(X_t-\mu)=\sigma^2 \tag{5.65}$$

② 协方差函数只与时间间隔 $t-s$ 有关。

$$\mathrm{Cov}(X_t,X_s)=E[(X_t-\mu)(X_s-\mu)]=R(t-s) \tag{5.66}$$

对某一随机序列，若和它的一次现实求平均得到的统计特征，当求平均的区间增大时，能以任意接近 1 的概率逼近用各次现实的整个集合求平均得到的相应特征量，就称这样的随机序列具有各态历经性质，即对具有这种性质的平稳随机过程 X_t，数学期望为

$$E(X_t)=\mu=\frac{1}{T}\int_0^T x(t)\,\mathrm{d}t \tag{5.67}$$

式中：T 为求平均的时间区间，方差为

$$E(X_t-\mu)=\sigma^2=\frac{1}{T}\int_0^T[x(t)-\mu]^2\,\mathrm{d}t \tag{5.68}$$

时间间隔为 τ 的协方差为

$$\mathrm{Cov}(X_t,X_{t+\tau})=E[(X_t-\mu)(X_{t+\tau}-\mu)]=\frac{1}{T-\tau}\int_0^T[x(t)-\mu][x(t+\tau)-\mu]\,\mathrm{d}t \tag{5.69}$$

相应地，相关函数为 $R(\tau)=\mathrm{Cov}(X_t,X_{t+\tau})/\sigma^2$。利用随机序列平稳性和各态历经性，下述的样本平均值、方差、自协方差、自相关函数，可作为上述总体量的一个估计。

$$x=\frac{1}{n}\sum_{t=1}^{n}x_t \tag{5.70}$$

$$s^2=\frac{1}{n}\sum_{t=1}^{n}(x_t-x)^2 \tag{5.71}$$

$$c(\tau)=\frac{1}{n-\tau}\sum_{t=1}^{n-\tau}(x_t-x)(x_{t+\tau}-x) \tag{5.72}$$

$$r(\tau)=\frac{1}{n-\tau}\sum_{t=1}^{n-\tau}\left(\frac{x_t-x}{s}\right)\left(\frac{x_{t+\tau}-x}{s}\right)=\frac{c(\tau)}{s^2} \tag{5.73}$$

如果平稳序列 Z_t 的数学期望为 0，自协方差函数有以下性质，即

$$R_z(\tau)=\mathrm{Cov}(z_t,z_{t+\tau})=\begin{cases}\sigma_z^2, & \tau=0\\ 0, & \tau\neq 0\end{cases} \tag{5.74}$$

则称 Z_t 为白噪声序列或纯随机序列，白噪声在时间序列分析中常常表示各种复杂过程的剩余分量，其实质可理解为各种相互独立的随机干扰。

2. p 阶自回归模型

p 阶自回归模型 AR(p)是一种在描述时间序列方面特别有效的随机时

间序列模型，广泛地被用作气象要素预报。自回归模型描述的是当前值与历史值之间的关系，用同一变量如 X（表示密度、温度或风场）之前各期即 X_1 至 X_{t-1} 来预测本期 X_t，假设它们之间存在线性关系，$\{z_t\}$ 为白噪声，且序列 $\{X_t\}$ 满足

$$X_t=\alpha_1 X_{t-1}+\alpha_1 X_{t-2}+\cdots+\alpha_p X_{t-p}+Z_t \tag{5.75}$$

则称 $\{X_t\}$ 为 p 阶自回归序列，这种模型简记为 AR(p)，在式（5.75）中参数 $\{\alpha_i\}$（$i=1,2\cdots,p$）称为自回归系数。为了求解自回归系数，对式（5.75）两边乘因子 $X_{t-\tau}$ 再取数学期望后除以方差 σ_x^2，得

$$r(\tau)=\alpha_1 r(\tau-1)+\alpha_2 r(\tau-2)+>\cdots+\alpha_p r(\tau-p) \tag{5.76}$$

式（5.76）对 $\tau>0$，为一线性方程组，即有

$$\begin{cases} r(0)\alpha_1+r(1)\alpha_2+\cdots+r(p-1)\alpha_p=r(1) \\ r(1)\alpha_1+r(0)\alpha_2+\cdots+r(p-2)\alpha_p=r(2) \\ \vdots \\ r(p-1)\alpha_1+r(p-2)\alpha_2+\cdots+r(0)\alpha_p=r(p) \end{cases} \tag{5.77}$$

通常称式（5.77）为自回归系数的 Yule-Walker 方程。

3. AR(p)模型的定阶准则

确定 AR(p)模型的阶数，即选取 AR(p)的最佳阶数 p。选择 p 阶数的标准自然是预报时的残差方差最小为原则，可以对残差 Z_t 的方差进行估计，即

$$\sigma_z^2=\frac{1}{n-(p+1)}\sum_{t=1}^{n}(x_t-\hat{x}_t)^2 \tag{5.78}$$

式中：n 为样本容量；x_t、$\hat{x}_t$ 为序列实测值与估计值。但是实际预报中，残差方差最小的预报模型不一定预报效果好，因而选择 p 阶数标准通常使用最小信息准则（AIC）。它们表示为

$$\text{AIC}=n\,|\,n\sigma_z^2+2(p+1) \tag{5.79}$$

对各种 p 选择，计算出该模型的 AIC，从比较各种可能的判据值中，选择最小的值所对应的阶数作为最终的预报模型。

4. 平稳时间序列分析的计算方法

平稳时间序列分析预测的计算工作主要是为求出自回归模型的自回归系数进行的，因而必须计算样本序列的平均值 $\bar{x}$、方差 S^2、自协方差函数 $C(\tau)$ $\left(\tau=0,1,2,\cdots,\left[\frac{n}{2}\right]\right)$、自相关函数 $r(\tau)$ $\left(\tau=0,1,2,\cdots,\left[\frac{n}{2}\right]\right)$，求解

Yule-Walker 方程组（5.77）。在计算中对时间序列 $x(t)$（$t=1,2,\cdots,n$）使用距平值进行平稳化处理，即 $x_{dt}=x(t)-\bar{x}$。

自协方差函数 $C(\tau)$ 由式（5.72）计算，自相关函数 $r(\tau)$ 值由式（5.73）计算。经验表明，对样本不大的长期预报来说，按 $r(\tau)$ 的绝对值，一般取相关较好的 3 个前期变量作为因子来建立 Yule-Walker 方程。例如，若通过显著性检验，选择到绝对值较大的 3 个相关函数 $r(i)$、$r(j)$、$r(k)$ 作为预报因子，则可建立求解自回归系数 α_i、α_j、α_k 的 Yule-Walker 自回归标准方程组为

$$\begin{cases} r(i-i)\alpha_i+r(j-i)\alpha_j+\cdots+r(k-i)\alpha_k=r(i) \\ r(i-j)\alpha_i+r(j-j)\alpha_j+\cdots+r(k-j)\alpha_k=r(j) \\ r(i-k)\alpha_i+r(j-k)\alpha_j+\cdots+r(k-k)\alpha_k=r(k) \end{cases} \tag{5.80}$$

故用一般线性代数解方程的方法解出 $\alpha_i(i=1,2,\cdots,p)$，从而建立以下自回归模型，即

$$\hat{x}_{dt}=\alpha_1 x_{dt-1}+\alpha_2 x_{dt-2}+\cdots+\alpha_p x_{dt-p} \tag{5.81}$$

回报检验，将历史个例各因子数值代入自回归预报模型，并将计算值与实际值进行比较，以检验两者的符合程度。

5. 应用示例

胡雄等采用时间序列预报方法中的自回归（AR）模型预报方法应用到临近空间环境大气探测参量预报中。利用单站点过去 10 天的 20~100km 临近空间大气温度、风场、密度等参量 1h 平均的垂直剖面数据（高度分辨率为 1km），对于某一高度上的某个大气参量，形成 10 天的时间序列；对该时间序列建立 AR 自回归预报模型并对未来进行预报，可输出未来 48h 的大气参量的预报结果。

单站的探测数据来源于廊坊站的先进设备，包括中频雷达、流星雷达、激光雷达、GPS 探空气球，并结合用到卫星资料、分析场和大气模式数据等。由于数据来源多，需要对这些数据进行融合，以获得站点上空的 20~100km 融合的大气温度、密度和风场剖面，数据获取和准备的滞后时间大约为 6h。预报前需对过去 10 天的临近空间大气融合数据进行预处理，包括数据检测、插值处理、平稳化等过程。基于预处理后的数据进行分析，确定 AR 模型阶数，建立 AR 预报模型。

图5.16给出的是一个预报结果的例子。图中的横坐标0表示2011年10月24日02:00（北京时），横轴负值方向表示该时刻以前24h的纬向风观测数据的融合结果，横轴正值方向表示该时刻以后48h的纬向风预报结果。

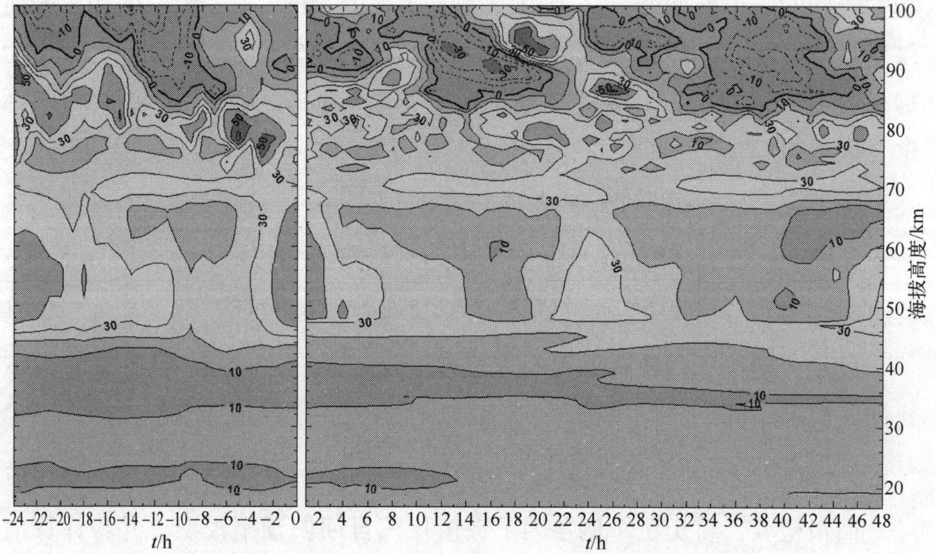

图5.16　2011年10月24日纬向风融合数据和预报结果

图5.16中纬向风的小时平均风速在过去24h的变化范围为-43.7~66.1m/s，40km以下以西风为主，风速较小，基本在30m/s以内。40km以上风速较大。75km以上风速具有明显的周日潮汐（24h周期变化）和半日潮汐活动（12h周期变化）。东西风在未来48h随高度及时间的变化特性与过去24h的特性相似。为了对预报结果进行评估，利用2011年10月1—30日单站上空预报结果与融合数据进行比较，分别对未来24h内的预报结果和未来48h的预报结果的绝对误差和相对误差进行统计，绝对误差和相对误差定义为，绝对误差=预报值-实测值，相对误差=(预报值-实测值)/实测值×100%。图5.17给出了纬向风的24h预报和48h预报的绝对误差统计结果。

从图5.17来看，绝对误差的标准偏差随高度增加而增大，这可能与大气小尺度随机扰动随高度增加而增大有关；40km以下误差较小；45km附近绝对误差均值有个凸起点，约为10m/s，这可能与这里与两类数据融合过渡区有关；50~70km 绝对误差平均值略大于 0，标准偏差约为 12m/s；65~75km 之间预报结果误差很小，其原因可能在于：由于探测数据稀少，引入的大气模式值在融合数据结果中所占的权重较大。总的来说，1 天内预报精度优于 2 天的预报精度。大气经向风、温度和密度预报的绝对误差的方差也随高度增加而增加，1 天内的预报结果优于 2 天内的预报结果；1 天内的大气温度预报绝对误差在 80km 不超过 4 K（平均值+1 倍标准偏差），大气密度预报相对误差在 80km 不超过 4%（平均值+1 倍标准偏差）。

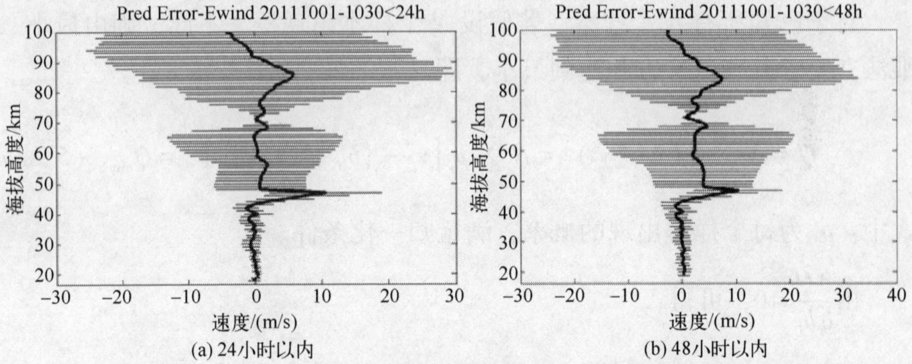

图 5.17　2011 年 10 月份风向风预报绝对误差统计结果（实线表示平均值，误差棒表示 1 倍标准偏差）

5.3.3　动态相似回归法

目前，基于数值预报产品解释应用技术得到蓬勃发展，对于数值模式在对流层以下天气和气象要素的整体预报能力得到充分检验和广泛应用，而在平流层及其上层的大气分析/预报产品应用研究的相关工作不多，数值预报尚存在较大的不确定性。下面介绍基于动态相似回归的单站高层气象要素的统计预报方法及应用。

1. 基本原理

一般的回归方法是根据最小二乘原理建立因子与预报对象之间的统计关系，但对于不同类型的环流过程而言，如果用统一的统计关系进行衡量，则回归是代表所有回归样本的平均态，消除了类型之间的差异。所以，需要先利用相似性原理，从历史资料中筛选相似个例，并对这些相似样本建立回归方程，可能改进预报效果。但每个相似样本与预报日的相似程度肯定是不同的，如果相似程度相差较大，其在预报方程中的贡献也会有所差异，而目前的回归方程并没有考虑到不同相似性的问题，即所有样本在回归方程中的贡献是等权重的。本书从回归方程原理出发，建立一个动态的非等权条件下的回归方程，尝试解决这一问题。

设 y 为要素的观测值，$\hat{y}$为线性回归方程的预报值，可表示成 p 个前期因子的线性方程形式，即

$$\hat{y}=b_0+b_1x_1+b_2x_2+\cdots+b_px_p \tag{5.82}$$

对于已知所有 N 个样本，若假设 N 个样本出现概率不同，则由最小二乘法，要求其残差平方和达到最小，即

$$Q = N\sum_{i=1}^{N} p_i(y_i - \hat{y}_i)^2 = N\sum_{i=1}^{N} p_i\left[y_i - \left(b_0 + \sum_{j=1}^{P} x_{ji}\right)\right]^2 = Q_{\min} \tag{5.83}$$

式中：p_i 为每个样本出现的概率，满足归一化条件。

由$\dfrac{\partial Q}{\partial b_0}=0$，可得

$$b_0 = \bar{y} - \sum_{j=1}^{P} b_j \bar{x}_j \tag{5.84}$$

由$\dfrac{\partial Q}{\partial b_j}=0$，可得

$$\begin{cases} S_{11}b_1+S_{12}b_2+\cdots S_{1P}b_P=S_{1y} \\ S_{21}b_1+S_{22}b_2+\cdots S_{2P}b_P=S_{2y} \\ \vdots \\ S_{P1}b_1+S_{P2}b_2+\cdots S_{PP}b_P=S_{P_y} \end{cases} \tag{5.85}$$

式中：$S_{lm} = \sum_{i=1}^{N} p_i(x_{li} - \bar{x}_l)(x_{mi} - \bar{x}_m)$；$S_{ly} = \sum_{i=1}^{N} p_i(x_{li} - \bar{x}_l)(y_i - \bar{y})$ 考虑概率协方差。由式（5.85）可以求出回归方程系数 b_j，再代入 b_0 的表达式可求出 b_0。将参数代入回归方程即可用于对该要素的预报。

2. 预报因子筛选

采用逐步回归方法筛选预报因子，其步骤主要包括以下内容。

1）确定历史相似样本

平流层中各尺度的波动（重力波）传播过程中的动力强迫决定了中高层大气环流的基本形态，因此，备选因子可选择各层（临近层）上能反映控制平流层大气运动过程的基本物理量、诊断量、变化量或组合参数等。为了使找出的相似样本不仅形态相似，而且数值差异也较小，采用相似系数和距离系数综合分析，按其表征相似程度由大到小顺序排序，在历史资料库中动态筛选相似样本，以期提高预报效果。

2）引入对称的增广矩阵

逐步回归通常用相关系数阵来计算，并且将预报对象作为第 m 个因子，从而构成增广矩阵，即

$$\boldsymbol{R}^{(0)}=\begin{Bmatrix} r_{11} & r_{12} & \cdots & r_{1,m-1} & r_{1m} \\ r_{21} & r_{22} & \cdots & r_{2,m-1} & r_{2m} \\ \vdots & \vdots & \ddots & \vdots & \vdots \\ r_{m-1,1} & r_{m-1,2} & \cdots & r_{m-1,m-1} & r_{m-1,m} \\ r_{m1} & r_{m2} & \cdots & r_{m,m-1} & r_{mm} \end{Bmatrix} \tag{5.86}$$

利用求解求逆方案对上述矩阵作$\widetilde{L}$变换，其最后一列即为方程的解，前 $m-1$ 列即为方程的逆矩阵。

3）引入一个方差最大且显著的因子

在 $m-1$ 个因子中挑选方差贡献最大的作为第一个因子，单因子方差计算公式为

$$V_i=\frac{r_{im}^2}{r_{ii}} \tag{5.87}$$

即求出所有单因子的方差贡献，并选出其最大值，有

$$V^{(1)}=\max\{V_i^{(1)}\} \tag{5.88}$$

但同时还要满足显著性才能引入到方程中，单因子的 F 检验为

$$F_i^{(1)}=\frac{V^{(1)}}{r_{mm}^{(0)}-V_i^{(1)}}(n-2) \tag{5.89}$$

若 F 值大于 F_α（$\alpha=0.05$），即表示可以通过检验。然后对 $\boldsymbol{R}^{(0)}$ 作一次$\widetilde{L}$变换，即

$$\boldsymbol{R}^{(1)} = \widetilde{\boldsymbol{L}}\boldsymbol{R}^{(0)} \tag{5.90}$$

4）重复上一步直至引入3个因子

重复上一步工作，依次引入第二、三个因子，若发生不满足 F 检验的情况，则不需再引入新的因子，但通常前3个因子都是相关性较好的因子，均能满足显著性检验。当引入第三个因子后，可能会出现与多重共线性的问题，即3个因子之间由于存在相关关系而降低回归模型的准确性。虽然两个因子也可能存在多重共线性的问题，但对两个因子进行剔除检验后则只会保留一个因子，成为一元线性回归方程，其效果通常不会好于多元回归方程，故剔除检验通常是从第三个因子开始。

5）对方程中方差贡献最小且不显著者作剔除检验

剔除检验的公式类似于引入检验，但是挑选方差贡献最小的因子，有

$$V'^{(3)} = \min\{V_i^{(3)}\} \tag{5.91}$$

要注意的是，由于因子已经在方程中，故其分母中的 $r_{mm}^{(3)}$ 不需要再减去要引入因子的方差贡献，即

$$F_i'^{(3)} = \frac{V'^{(3)}}{r_{mm}^{(3)}}(n-4) \tag{5.92}$$

由于第三个因子引入后会改变前两个因子的方差贡献，即原来显著的因子可能因为其他因子的引入而变得不显著，所以可能会出现剔除掉第一个或第二个因子的情况。例如，第一个因子被剔除，则表明第一个因子与第三个因子的相关性比较明显，没有必要保留两个功能相似的因子，故要剔除。

6）重复上述步骤，引入从剩下的待选因子中挑选方差最大且显著的因子，对最小者作剔除检验，直至方程中无因子可剔除为止

需要说明的是，回归方程的因子既可以是起报时刻的观测数据，也可以是预报时效内的中期模式预报产品资料，因此，因子的可选数目比较多。

3. 预报试验

1）使用资料

历史常规探空资料是2008年4月1日至2010年以后的逐日08时（北

京时）报文资料，将报文资料进行处理，得逐日各等压面层次的要素数据；模式格点数据为 2008 年 8 月 1 日至 2010 年 7 月 31 日的 T511L60 业务模式每日 12 时（世界时）的预报结果，水平分辨率为 1°×1°；垂直方向为 14 层，分别为（单位：hPa）1000、925、850、700、600、500、400、300、250、200、150、100、70 和 50，这些历史数据的作用是供预报时查找场的最相似日并计算回归系数。实时资料选取 2011 年 7 月 15 日 08 时哈尔滨、南京、清远和乌鲁木齐 4 个站点的探空资料和对应时次的 TL511L60 模式产品，制作单站 24～144h 高空温度和风的要素预报。

2）温度场预报分析

图 5.18 给出的是哈尔滨、南京、清远和乌鲁木齐 4 个站 100hPa、70hPa、50hPa 温度的观测、统计预报和模式预报结果。可以看出，单站统计预报的结果明显比模式预报的要好，南京站 100hPa、70hPa 的温度预报除 96h 比模式预报稍差外，其他时次预报均更接近实况；50hPa 温度的 96h 前统计和模式预报均与实际温度有一定差距，96h 后统计预报则明显要比模式结果好，尤其是 120h 和 144h，其预报值与实况值基本相近；乌鲁木齐站统计预报的各层温度场与实际温度之间的时间序列演变比模式预报的时间序列更为接近，尤其是 100hPa，除 96h 外各个时次的预报值均与实况基本相符。同样，哈尔滨和清远站 3 个层次的温度时间序列演变，统计预报结果明显比模式预报更接近实况观测。

3）风场预报分析

图 5.19 给出的是哈尔滨、南京、清远和乌鲁木齐 4 个站 100hPa、70hPa、50hPa 层全风速观测场、模式和统计预报的对比分析图。可以看出，利用动态相似回归方法对 4 个站的风速预报同样比模式预报的要更接近实际。其中：南京站 100hPa、70hPa、50hPa 这 3 个层次的预报均要比模式结果好，尤其是 96h 以后的 70hPa 和 50hPa 的温度预报；乌鲁木齐站风速的统计预报与实况间的误差比模式结果明显要小，特别是 50hPa 从 72h 后各个时次的统计预报值（3m/s）比模式预报值（1～2m/s）更接近实况（4m/s），哈尔滨和清远站各层次其全风速的统计预报值与实况的一致程度同样比模式预报的结果要好。

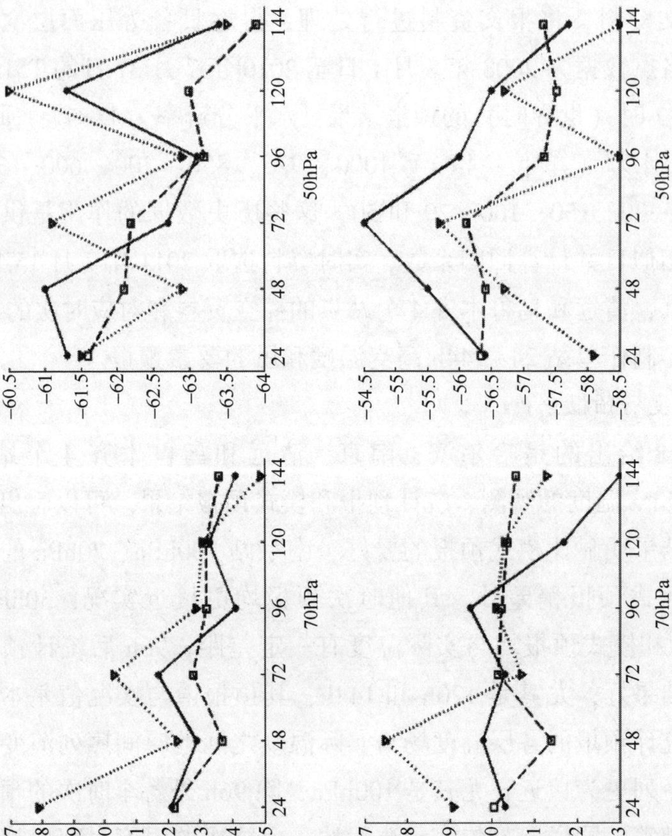
南京
乌鲁木齐
100hPa
70hPa
50hPa
OBS
T511
FORECAST

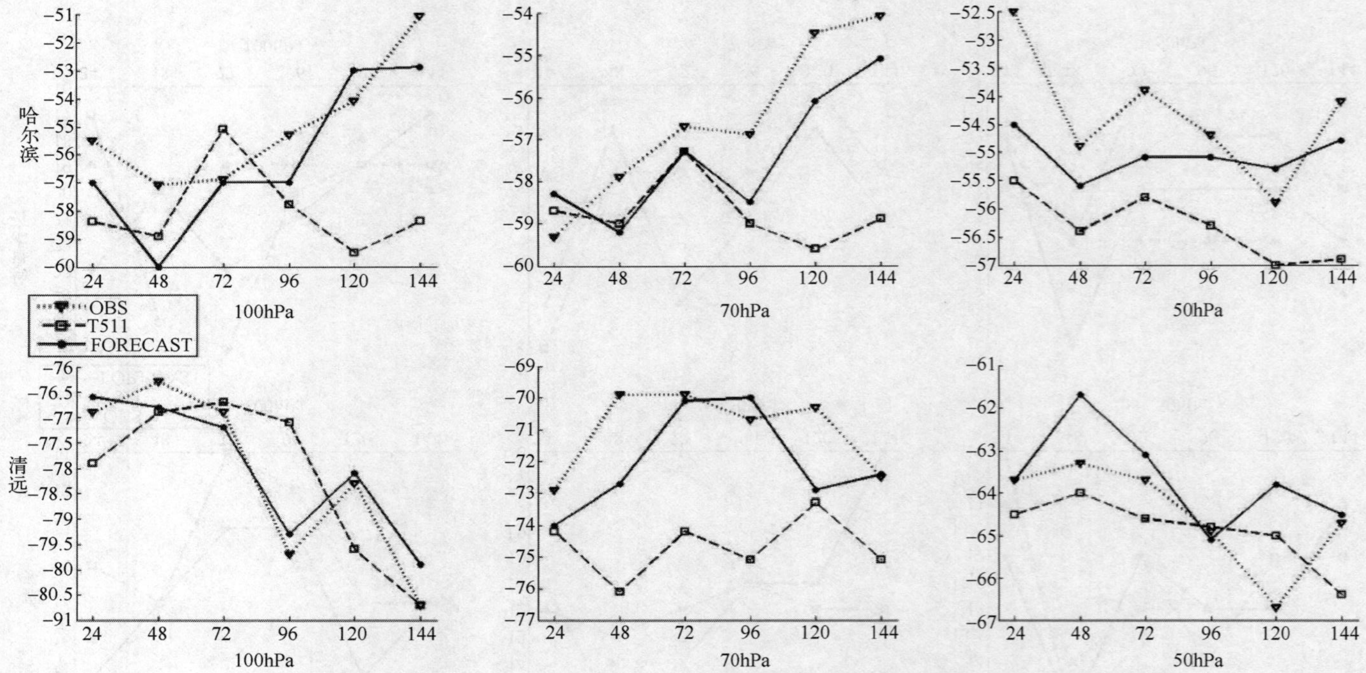

图 5.18　各站点 100hPa、70hPa、50hPa 温度观测、模式和统计预报结果随预报时效的演变

（实线为统计预报，短线为模式预报，点线为观测）

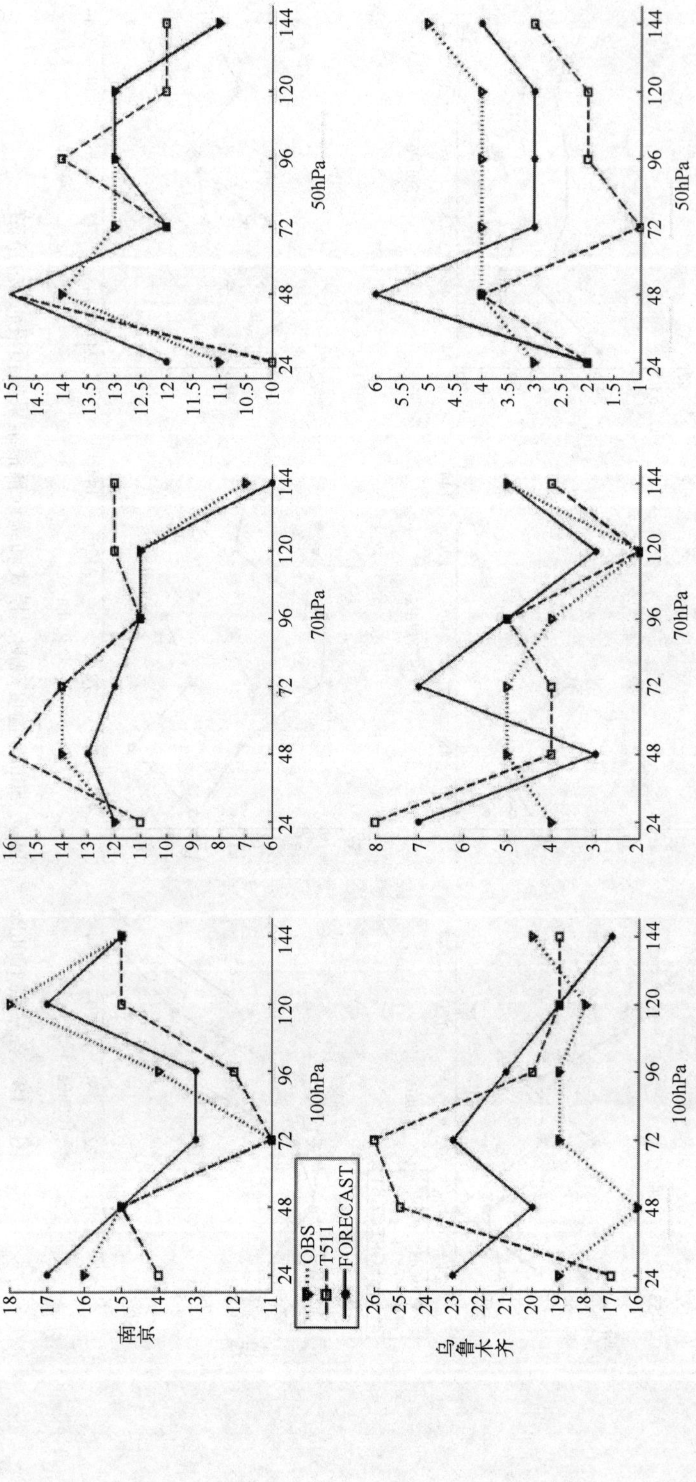
南京
乌鲁木齐
OBS
T511
FORECAST
100hPa
70hPa
50hPa

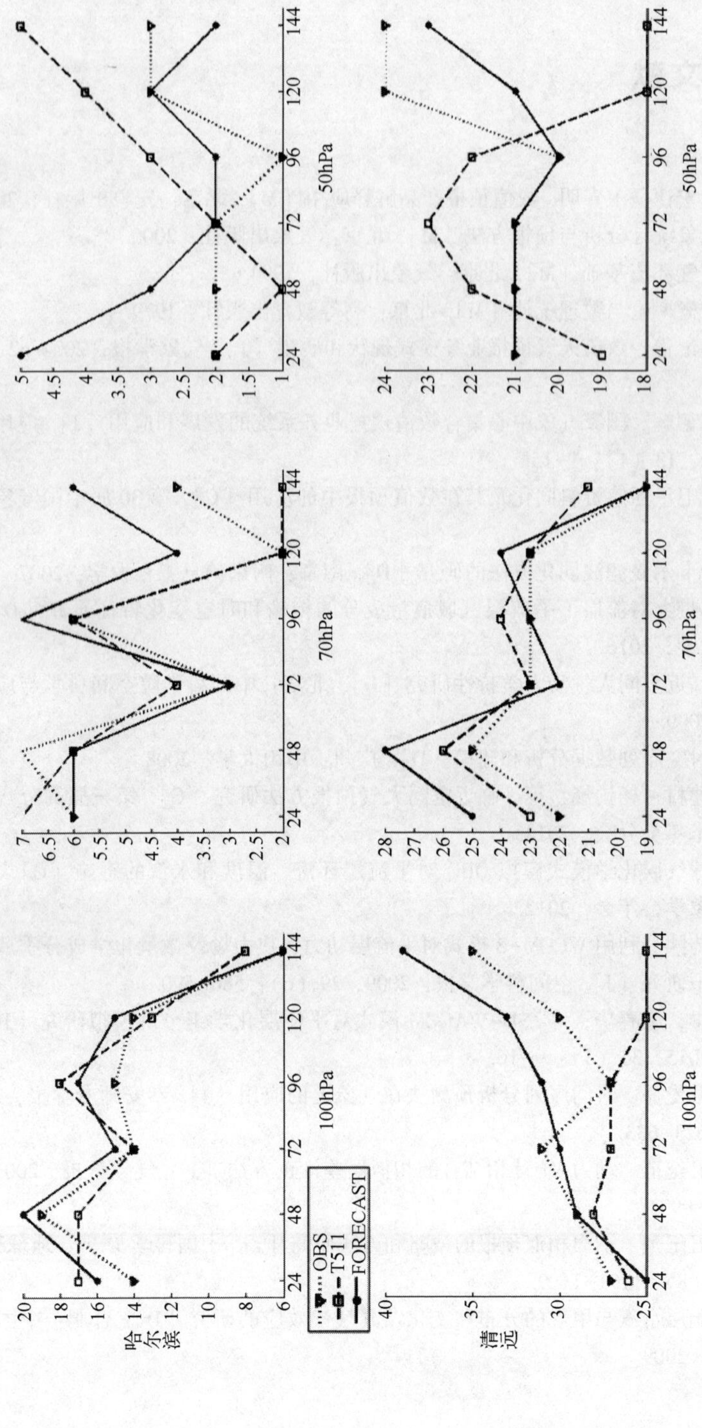

图 5.19　各站点 100hPa、70hPa、50hPa 全风速观测、模式和统计预报随预报时效的演变
（实线为统计预报，短线为模式预报，点线为观测）

参考文献

[1] 潘晓滨，何宏让，王春明. 数值预报产品解释应用 [M]. 北京：气象出版社，2016.
[2] 黄嘉佑. 气象统计分析与预报方法 [M]. 北京：气象出版社，2000.
[3] 卜玉康. 大气环流基础 [M]. 北京：气象出版社，1994.
[4] 盛骤，等. 概率论与数理统计 [M]. 北京：高等教育出版社，1979.
[5] 陈德辉，薛纪善. 数值天气预报业务模式现状和展望 [J]. 气象学报，2004. 62 (5)：623-633.
[6] 李泽椿，陈德辉. 国家气象中心集合数值预报业务系统的发展和应用 [J]. 应用气象学报，2002，13 (1)：1-15.
[7] 王恬. 气象卫星遥感资料同化及其在数值预报中的应用 [C]. 第 30 届中国气象学会年会，2013.
[8] 朱琳. 集合卡尔曼滤波同化方法的研究 [D]. 南京：南京信息工程大学，2007.
[9] 王春晓. 热带上对流层下平流层区域痕量成分的传输和时空变化特征研究 [D]. 兰州：兰州大学，2016.
[10] 肖存英. 临近空间大气动力学特性研究 [D]. 北京：中国科学院空间科学与应用研究中心，2009.
[11] 王佳璆. 时空序列数据分析和建模 [D]. 广州：中山大学，2008.
[12] 胡雄，龚建村，杨钧烽，等. 临近空间大气预报方法研究 [C]. 第三届高分辨率对地观测学术年会分会，2014.
[13] 张杰. 全球气候化学模式模拟 QBO 对平流层环流、温度和水汽的影响 [C]. 第 29 届中国气象学会年会，2012.
[14] 刘毅，刘传熙. 利用 WCCM-3 模式对平流层动力、热力场及微量化学成分季节变化的数值模拟研究 [J]. 空间科学学报，2009，29 (6)：580-590.
[15] 潘晨，朱彬，施春华，等. SD-WACCM 模式对平流层化学组分的模拟研究 [J]. 气象科学，2015，35 (1)：9-16.
[16] 郭化文，尹爱芹. 时间序列分析预测法在气象上的应用 [J]. 泰安师专学报，2002，24 (6)：623-633.
[17] 任宏伟，丑纪范. 动力-统计相结合的相似误差订正方法 [J]. 气象学报，2007，63 (6)：988-993.
[18] 任宏伟，丑纪范. 动力相似预报的策略和方法研究 [J]. 中国科学 D 辑：地球科学，2007，37 (8)：1101-1109.
[19] 毕云. 平流层水汽与甲烷的分布和变化及其气候效应的研究 [D]. 合肥：中国科学技术大学，2009.

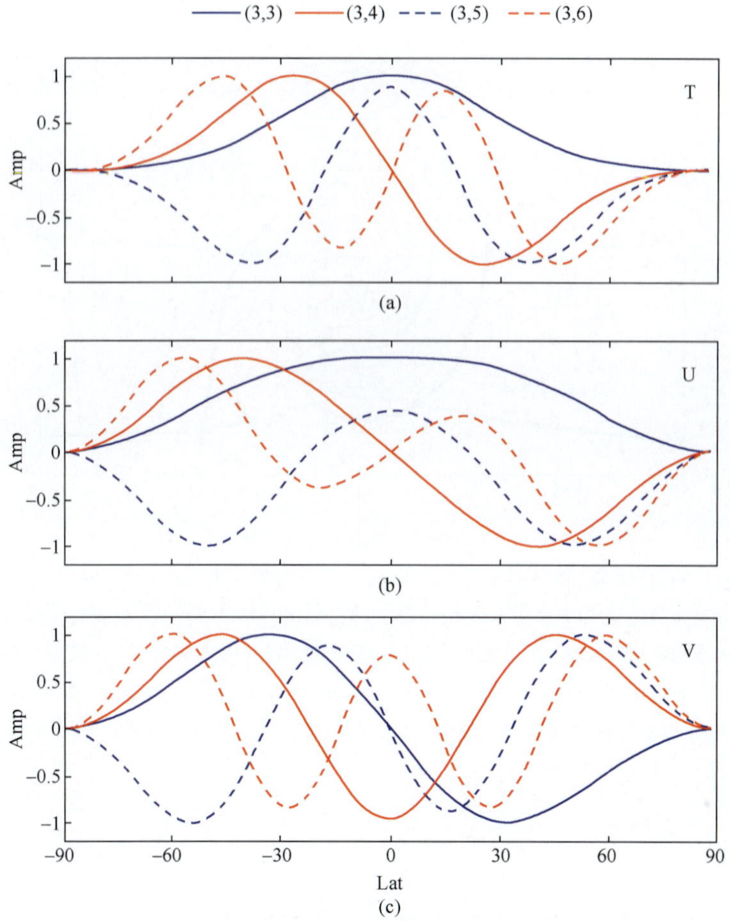

图 3.4　温度、纬向风和经向风的 8h 迁移潮汐 Hough 模

（a）温度；（b）纬向风；（c）经向风。

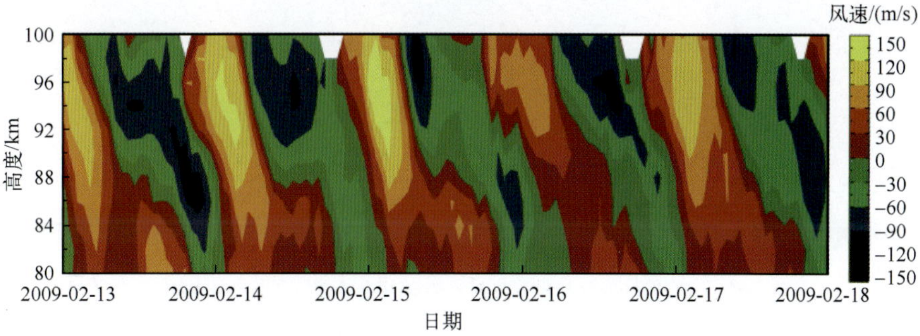

图 3.5　富克流星雷达观测的经向小时风场

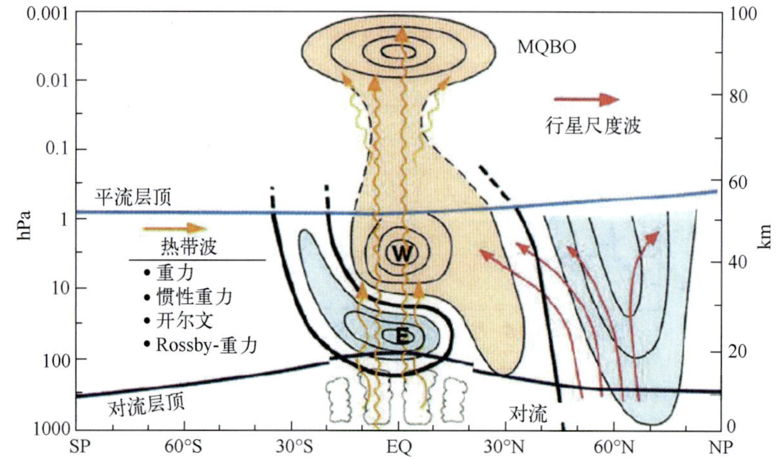

图 4.2　北半球冬天 QBO 形态的动力学示意图

注：橙色箭头标识出多种上行赤道特征波（混合罗斯贝波、重力波、开尔文波、惯性重力波），红色箭头为从中纬到高纬度地区的行星尺度波动，两者共同作用于赤道平流层区域。黑色廓线为纬向平均风场东西相位的分界线，西向风场为蓝色，东向风场为粉红色。中间层 QBO（MQBO）的所在高度为 80km 左右，50～80km 黑虚线的风场廓线的意义为该区域的风场缺乏观测支持。图片来源（Baldwin 等，2001）

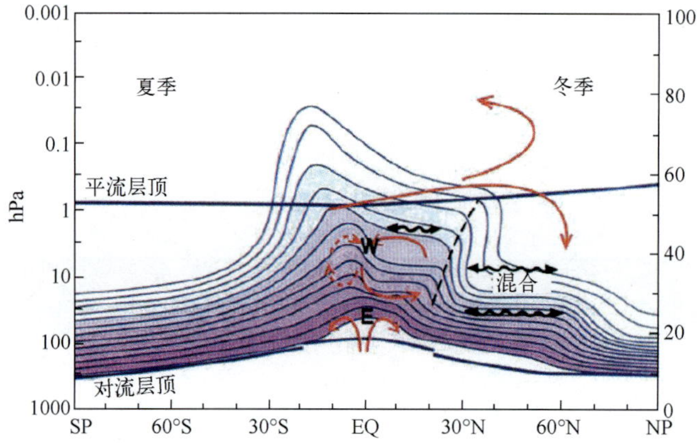

图 4.4　示踪物浓度的纬度-高度剖面等值线图

注：示踪物随 QBO 风场变化和水平热对流输送过程示意图（北半球冬季）。等值线为不同的示踪物等浓度线。赤道中高平流层区域示踪物浓度的升高，红色短箭头指示了 QBO 造成的环流异常。图片来源（Baldwind 等，2001）

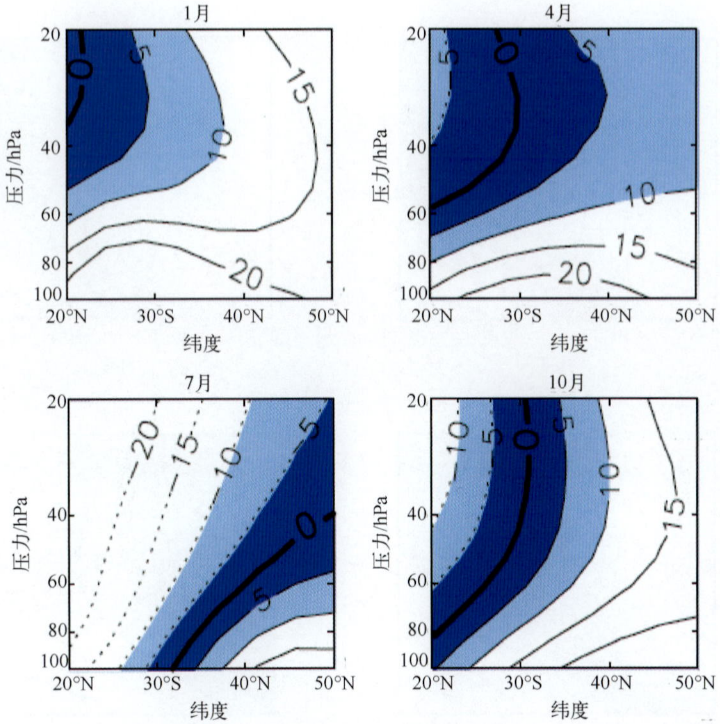

图 4.6　WACCM 模式模拟的不同季节平流层纬向风场（单位为 m/s，等值线间隔为 5m/s，正值代表西风，负值代表东风，粗实线表示零风速等值线，彩色区域代表±10m/s 的区间，其中深蓝色代表±5m/s 的区间）。图片来源（高林等，2013）

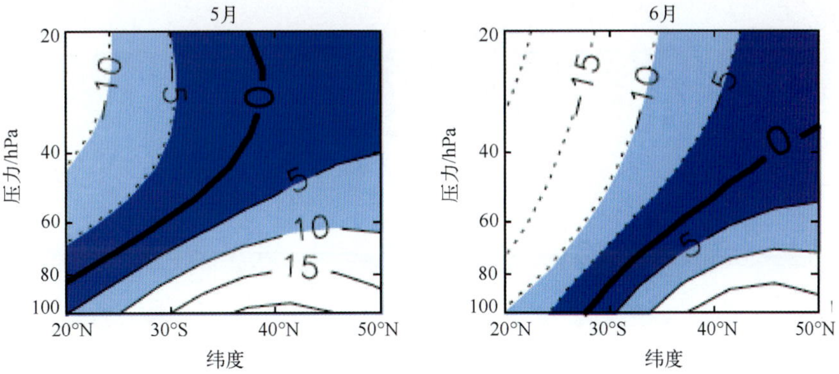

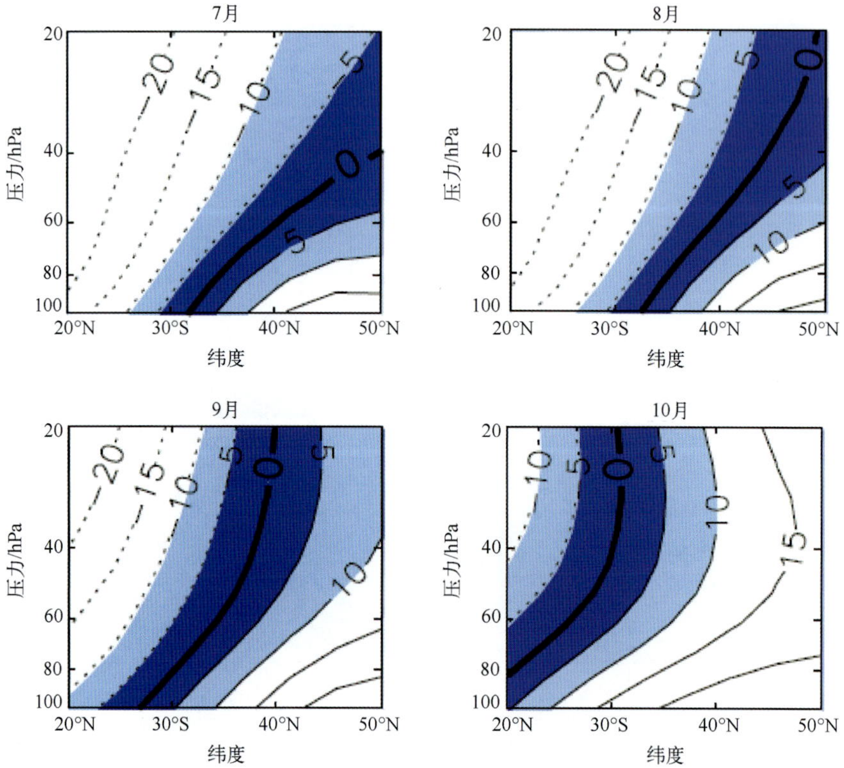

图 4.7　WACCM 模式模拟的不同月份平流层纬向风场（单位为 m/s，等值线间隔为 5m/s，正值代表西风，负值代表东风，粗实线表示零风速等值线，彩色区域代表±10m/s 的区间，其中深蓝色代表±5m/s 的区间）。图片来源（高林等，2013）

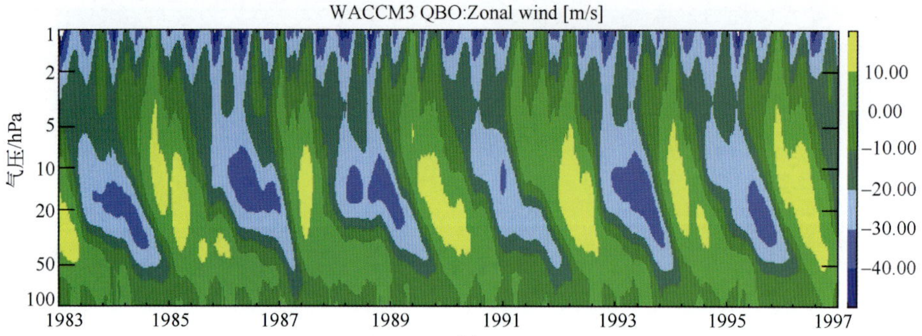

(a)

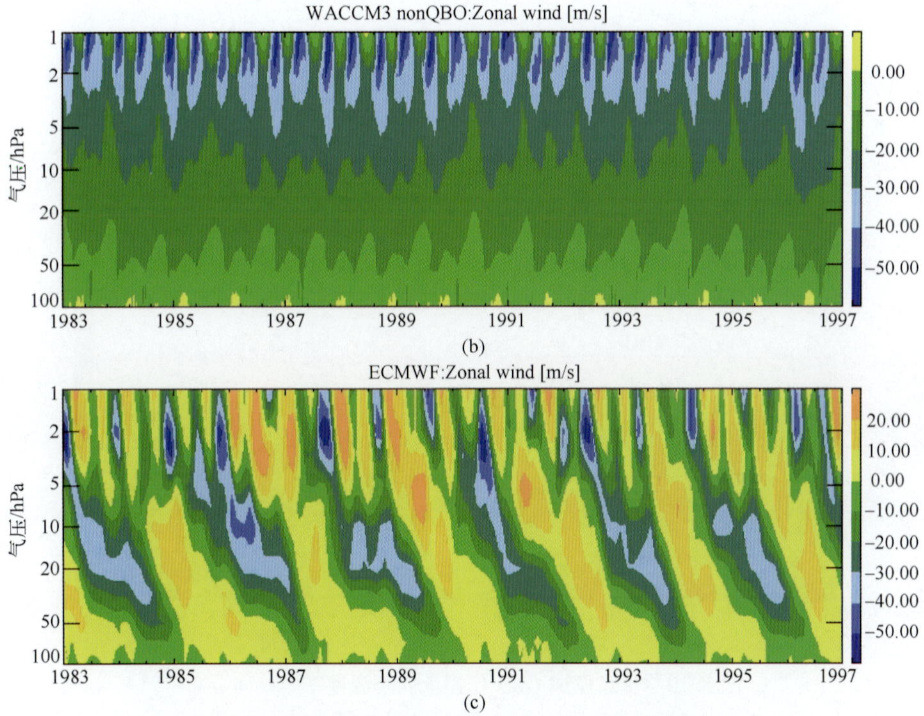

图 5.8　模式模拟结果和欧洲中心再分析资料结果

（a）模拟 QBO 风场；（b）模拟没有 QBO 作用下平流层风场；（c）欧洲中心月平均风场。

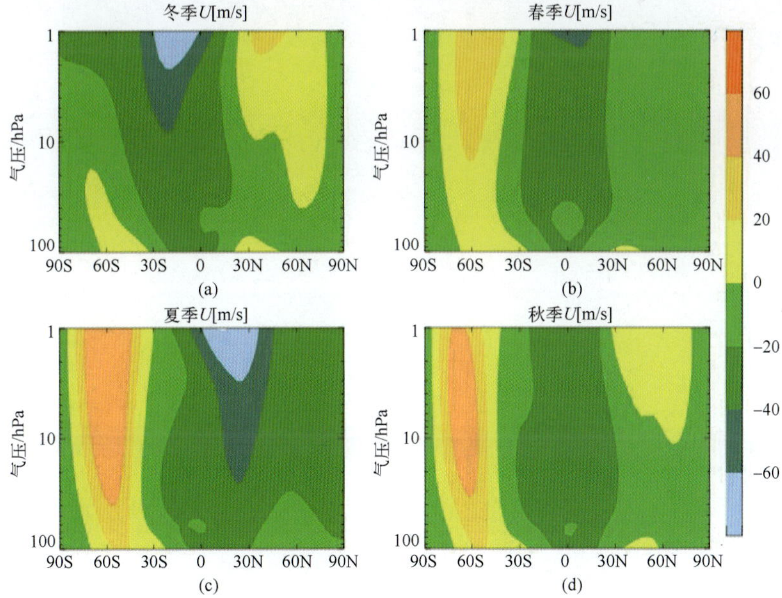

图 5.9　模拟 QBO 作用下四季平均纬向风分布

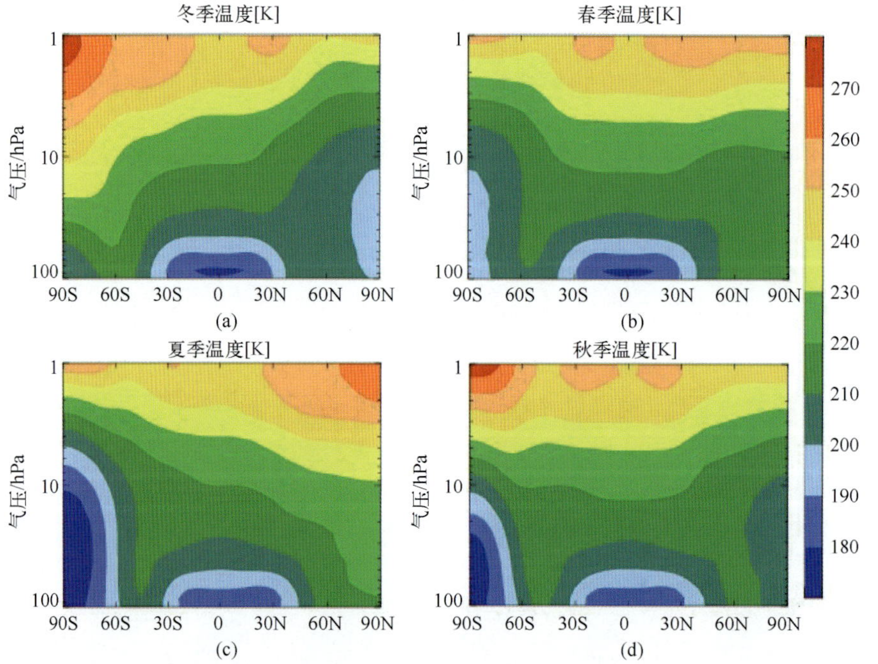

图 5.10 模式模拟 QBO 作用下四季温度平均纬向分布

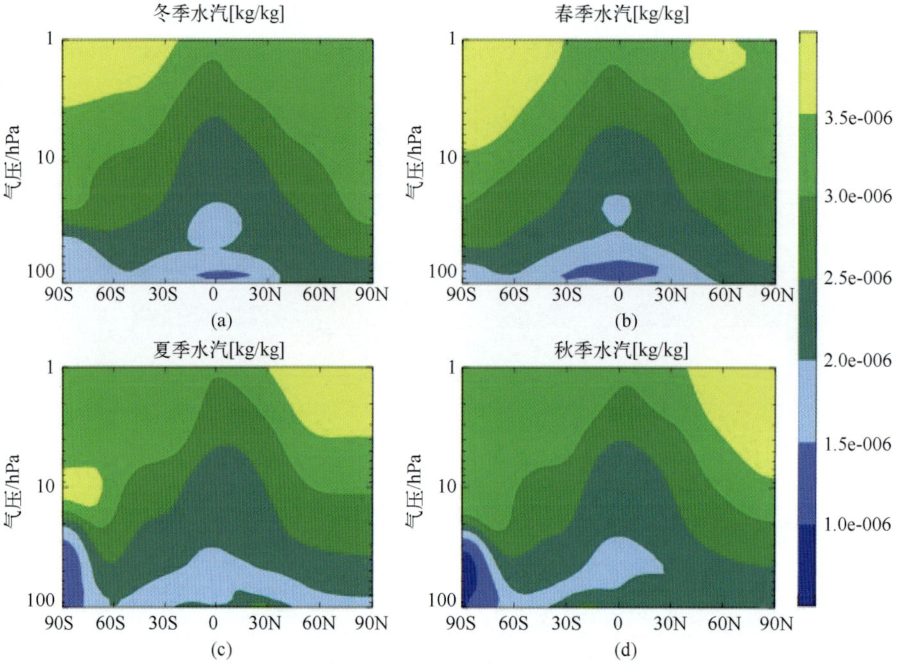

图 5.11 模式模拟 QBO 作用下四季水汽平均纬向分布

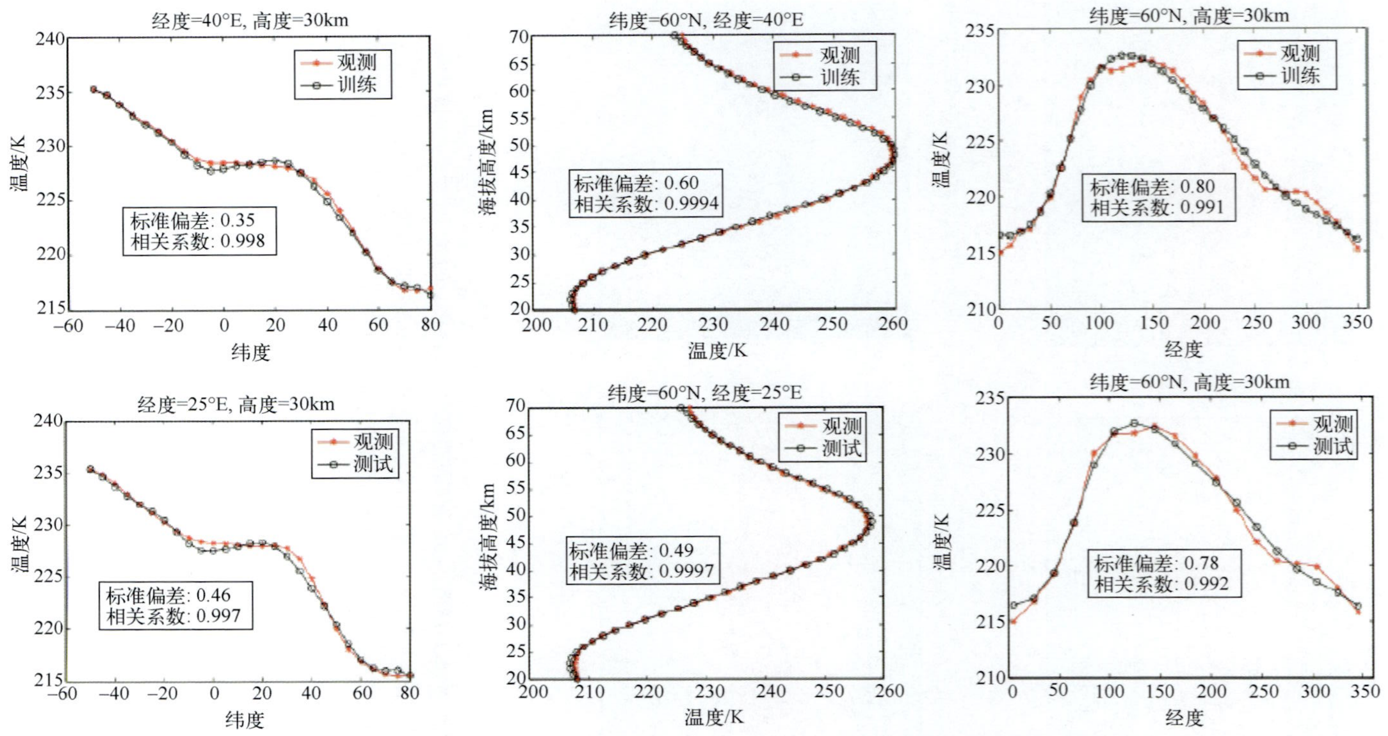

图 5.14 观测温度与 BPNN 模拟温度相比较的一些例子（黑线为模拟，红线为观测）(见彩插)

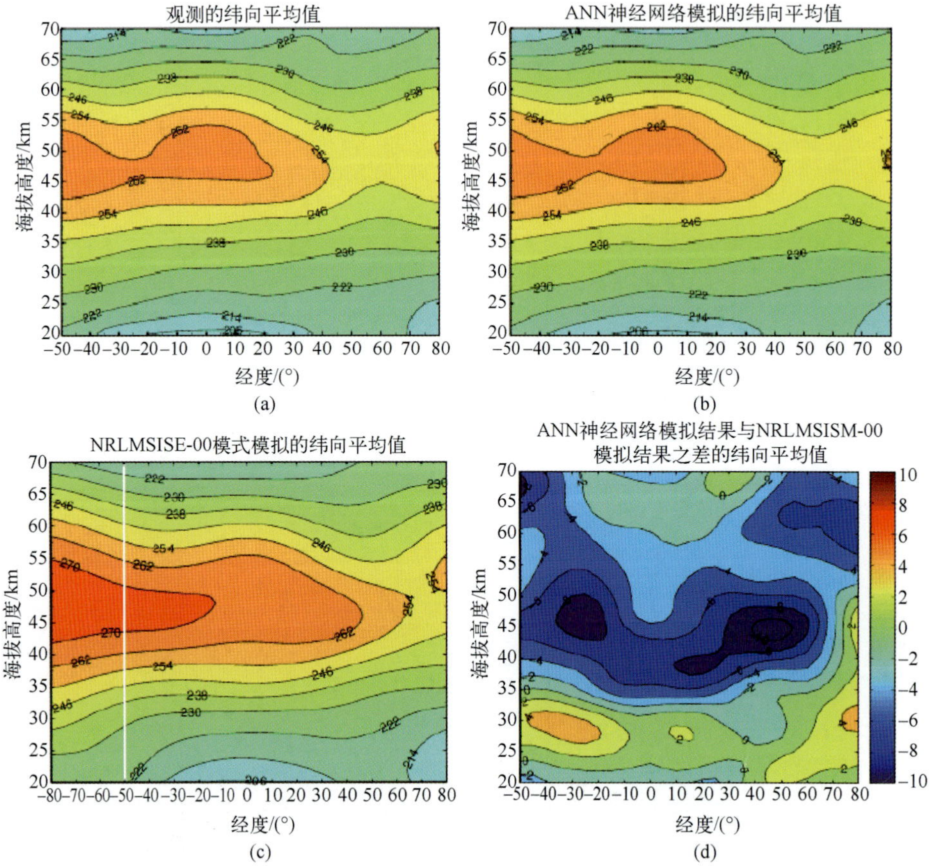

图 5.15　模拟试验分析

（a）SABER 观测，（b）神经网络模拟，（c）NRLMSISE-00 模式的纬圈平均温度结构；（d）神经网络模拟结果与 NRLMSISE-00 模式结果之差。
（图（c）中的白线用于提醒读者图形之间的比较范围为 50°S～80°N，单位为 K）